Pythonで

気軽に 化学・化学工学

化学工学会 編

金子　弘昌 著

丸善出版

まえがき

本書のねらい

　読者の皆さんは，社内や研究室内にデータをお持ちではないでしょうか？　データを解析・分析した結果を活用することで，ご自身の研究や開発における壁を乗り越えたり，進捗を加速させたりできる可能性があります．本書では，データを持っていたり，収集する予定だったりする方が，プログラミングが未経験でもデータ解析・機械学習をできるようになることを目指しています．データを最大限に活用して研究・開発・設計・運転を促進することを期待しています．

　データ解析・機械学習を応用できる分野は多種多様であり，必要となる知識・技術は分野によって異なります．一般的なデータ解析・機械学習の解説では，そうした分野特有の話題やノウハウが十分に説明されていなことが大半です．本書では，特に化学・化学工学分野において重要な内容を扱います．私はこれまで化学・化学工学分野において，

- ✓　化合物の物性・特性・活性と化学構造との間の関係を明らかにする
- ✓　高機能性が期待できる新しい化学構造を設計する
- ✓　過去の実験データから次に行うべき実験の内容を提案する
- ✓　化学プラントで製品を効率的・安定的に生産し続けるための制御手法を開発する

といった研究を通して，プログラミングを駆使しながら一般的なデータ解析・機械学習を行ったり，新たな手法を開発したりしてきました．研究の中には企業や大学などとの共同研究もあります．そのような経験の中で，化学・化学工学分野の研究者・開発者がデータ解析・機械学習をするうえで必要な知識・技術が整理されました．その内容を本書でお伝えします．

　データ解析や機械学習に習熟すると，たとえば，次のようなことが可能になります．

　高機能性材料を開発していると，化合物の化学構造と物性・特性・活性の値が蓄積されます．化合物群を分子量や部分構造の数などの複数の変数で表現することによって，化学構造を数値化することができます（第 12 章参照）．化合物群が数値データになるわけです．数値データにはたくさんの変数があるため，どの化合物同士が似ているか，似ていないかといった化合物の間の近接関係を見ることはできま

せん．数値データを低次元化，すなわち少ない数（たとえば2つ）のパラメータに
圧縮し，パラメータ間で化合物の散布図を見ることで，化合物群の全体の様子を見
える化できます（第6章参照）．これをデータの可視化と呼びます．数値データを
用いれば，化合物群を意味のある集団（クラスター）ごとに自動的に分割すること
も可能です．これをクラスタリングと呼びます．データの可視化とクラスタリング
の結果を見ることで，化合物間における化学構造の類似性と物性値の類似性とを同
時に議論できるようになります（第7章参照）．

　回帰分析・クラス分類（第8章参照）により，化学構造を数値化した変数と物性
との間に潜む関係性をデータから導きモデル化することも可能です．このモデルを
用いれば，化合物を合成したり合成後に物性値を測定したりする前に，化学構造か
ら物性値を推定できます．モデルを用いるというのは，仮想的な実験室で実験する
ようなものです．この実験室では実験に費用や時間はほとんどかかりません．実際
に合成しようと思っても費用や時間の観点から現実的ではない何千・何万という数
の化学構造でも物性値を推定できるため，良好な物性値をもつ化学構造を効率的に
設計可能になります（第8, 12章参照）．

　高機能性材料を開発する際には，材料そのものだけでなく製造条件を改善するこ
とで，材料特性などの製品品質を向上できます．製造条件とその製造の結果として
の製品品質を用いて，回帰分析やクラス分類により製造条件と製品品質との間の関
係をモデル化します．モデルを利用することで，望ましい品質を達成するための製
造条件を探索可能です（第9〜11章参照）．

　高機能性材料を製造するときには，化学プラントを適切に制御して管理すること
が，高い品質の製品を製造し続けるのに必要不可欠です．プラントにおけるプロセ
ス制御およびプロセス管理を困難にしている要因の1つに，製品品質を代表する濃
度・密度などのプロセス変数の測定に時間がかかったり頻繁には測定されなかった
りすることが挙げられます．製品品質を迅速に制御したり効率的にプロセスを管理
したりするため，プラント運転時のセンサーなどの測定データや製品品質の測定
データを活用します．データを用いて回帰分析やクラス分類をすることにより，セ
ンサーなどで容易に測定可能なプロセス変数と測定が困難なプロセス変数との関係
をモデル化します．プラント運転時にこのモデルを用いることで，センサーなどに
よる測定結果から製品品質の値をリアルタイムに推定できます（第8, 9章参照）．
実測値のように推定値を用いることで，迅速かつ安定に製品品質を制御できるよう
になります．

　プラントのオペレーションにはこれまで広くデータが活用されてきましたが，プラントのさらなる高度化や省力化のため，新たな高機能性材料やその合成プロセス・製造プロセスの効率的な開発のため，研究開発の現場や製造現場に蓄積されているデータを解析・分析できることが強力な武器になります．

　本書では，Python（パイソン）というプログラミング言語でデータの前処理・データの可視化・クラスタリング・回帰分析・クラス分類・モデルの解析を自分の手でできるようになることをねらいとします．

本書がプログラミング未経験者でも挫折しにくい理由

　Python というプログラミング言語は，文法を単純化することでプログラムを読みやすく書きやすくなるように設計されています．プログラミングを初めて学ぶ人でも直感的に理解しやすいといわれています．

　Python はデータ解析・機械学習の分野で注目されているため，統計処理・機械学習・科学技術計算などを行うための多くのソフトウェア（ライブラリ）が過去にPython で開発され，それらを無料で利用できます．既存のソフトウェアを活用することで，必要最低限のプログラミング技術のみでデータ解析を始められます．

　プログラムを実行したり実行結果の確認・図示・保存をしたりするため，本書では Jupyter Notebook（ジュピター・ノートブック）という，ウェブブラウザを利用した無料の実行環境を使います．Jupyter Notebook では 1 行ずつ対話的にプログラミングでき，実行した出力結果をその都度確認しながら解析を進められるため，エラーが出ても対処しやすいでしょう．データ解析を進めながら簡単にメモを残せることも便利な点です．

　本書では，読者がデータ解析・機械学習をできるようになるという目的のもと，Python プログラミングを体系的に学ぶのではなく，データ解析・機械学習に必須となることのみ学ぶようにしています．さらに，実行環境やソフトウェアの使い方およびデータ解析・機械学習を効率的に学ぶためのサンプルプログラムを配布します．本書を読むだけでなく，サンプルプログラムを実行しながら，データ解析・機械学習を学ぶことができます．サンプルプログラムと同種のデータ解析はすぐに実施できますし，新たなプログラムをゼロから書けるようにならなくてもサンプルプログラムの一部を変更して用いることで，自分のデータに合った解析を行えるようになります．

このように，データ解析・機械学習を始めやすい言語と便利な実行環境を用い，学習内容をデータ解析・機械学習に特化したものに絞り，具体的なサンプルプログラムを活用しながら学習することにより，プログラミング未経験者でもデータ解析の学習に挫折しないように本書を執筆しました．

本書の内容

第1章から第3章までは，実行環境・ソフトウェアの使い方などの Python の基礎を学んで，データセットを読み込んだり，確認したり，保存したりできるようになります．

第4章では，データがどのようなものであるか概観したり，基本的な統計解析ができたりするようになります．

第5章から第10章までは，データ解析・機械学習の具体的な手法について学びます．第5章はデータの前処理を，第6章はデータの可視化を扱います．変数の数が多いデータにおいてもサンプル全体の様子を可視化できるようになります．第7章はクラスタリングを扱います．類似したサンプルごとに自動的にグループ分けできるようになります．第8章はクラス分類や回帰分析を扱います．新しいサンプルの目的変数（たとえば化合物の物性・特性・活性）を推定したり，推定結果を評価したりできるようになります．また繰り返し処理や条件分岐によって効率的にクラス分類・回帰分析ができるようになります．なお第8章は，データ解析・機械学習の鍵となる重要な内容を含むために，多くのページ数を割きました．第9章はモデルの適用範囲を扱います．クラス分類や回帰分析の推定結果の信頼性を議論できるようになります．第10章ではモデルの逆解析を扱います．クラス分類モデルや回帰モデルを運用して，目的変数が望ましい結果となる説明変数を設計できるようになり，材料設計やプロセス設計などの設計問題に応用できるようになります．

第11章では実験計画法と回帰分析により，実験計画を組んだり，既存の実験結果から目標を達成するための次の実験条件を探索したりします．

第12章は化学構造を扱います．化学構造を数値化できるようになることで，化学構造のデータを用いてクラス分類や回帰分析などの解析ができるようになります．

本書の内容は，高校卒業程度の数学の知識があることを前提としています．その他，数学的な用語にはその都度補足説明を入れたり，参考文献を紹介したりしています．なお，著者のウェブサイト[1]には，データ解析・機械学習に必要な数学の基礎や統計の基礎を学ぶための，著者がお薦めする本の紹介があります．

本書の読み方・進め方

本書ではサンプルプログラムを用います．本書を読みながらサンプルプログラムを実行しましょう．本文の説明がわからないと感じたときは，まずサンプルプログラムを実行してみて，そのあとに本文を読み直してみたり，ウェブ検索などでわからない単語の意味を補ってみたりするとよいでしょう．サンプルプログラムには練習問題もあります．学んだ内容を練習問題で確認しましょう．

サンプルプログラムを実行するために必要なサンプルデータセットも一緒に配布します．たとえば，仮想的な樹脂材料のデータのような，データの数が小さかったり，モデルで推定したい変数が2つあったり，その変数の値が存在しなかったりする，実際の状況を想定したサンプルデータも扱います．まだデータをお持ちでない方もご安心ください．

本書のサンプルプログラムやサンプルデータは，すべて以下の GitHub のウェブサイトからダウンロードできます．

https://github.com/hkaneko1985/python_chem_chem_eng/

ウェブサイトにおける（緑色の）"Code"をクリックしたあとに，"Download ZIP"をクリックしてください．

本書を読み進めるにあたっては，サンプルプログラムやサンプルデータ以外は以下の3点しか必要としません．

1) PC（Windows，macOS，Linux など）
2) ウェブブラウザ（Chrome，Safari，Firefox など）
3) 第1章でインストールする Anaconda（アナコンダ）

ウェブブラウザに関して，特に設定を変更していない方は追加の設定をする必要はありません．

それでは，本書をお楽しみいただけますと幸いです．

謝　辞

本書は，化学工学会の学会誌「化学工学」において 2019 年 8 月（Vol. 83 No. 8）から 2020 年 6 月（Vol. 84 No. 6）まで全 12 回連載した「プログラミング未経験者のためのデータ解析・機械学習」に加筆・修正をしたものです．連載におきまして内容の精査および原稿の推敲・校閲などで多大なご協力をいただきました化工誌編集委員の皆様に心より感謝申し上げます．

本書の原稿の確認やサンプルプログラムの検証について，明治大学のデータ化学

工学研究室（金子研究室）の石田敦子さん，畠沢翔太さん，江尾知也さん，山田信仁さん，岩間稜さん，谷脇寛明さん，山影柊斗さん，山本統久さん，杉崎大将さん，高橋朋基さん，池田美月さん，今井航彦さん，金子大悟さん，中山祐生さん，本島康平さん，湯山春介さん，吉塚淳平さんにご助力いただきました．ここに記し，感謝の意を表します．ありがとうございました．また，自宅で執筆していても温かく見守ってくれた妻の藍子と，おとなしくしてくれた娘の瑠那と真璃衣に感謝します．

2021 年 3 月

金　子　弘　昌

目　　次

1

必要なソフトウェアをインストールして，
Jupyter Notebook や Python に慣れる

1.1 Anaconda のインストール

Anaconda（アナコンダ）は，統計処理・機械学習・科学技術計算などを行うための ソフトウェアの集まりであり，Python（パイソン）でデータ解析・機械学習をする環境を無料で簡単に構築できます．python.jp サイト[2] から，各自の OS に合わせて Windows，macOS，Linux などを選択したあとに，Python 3.x version をダウンロードしてインストールしてください．

Windows 利用者でユーザ名に半角英数字記号以外の日本語などを使っている方は，インストール後に不具合を起こす可能性があるため，デフォルトのインストール先フォルダ（C:¥Users¥[ユーザ名]）にではなく，日本語を含まないフォルダ（たとえば C:¥python）を作成し，そこにインストールするとよいでしょう．

1.2 Jupyter Notebook の使い方

"まえがき"でそのメリットを説明したように，Python でプログラミングをしたり，実行した結果の確認・図示・保存をしたりするため，Jupyter Notebook（ジュピター・ノートブック）を使います．Anaconda をインストールしたときに，Jupyter Notebook も一緒にインストールされています．Python プログラミングを効率的に行うためには，そのための実行環境である Jupyter Notebook を使いこなせるようになることが近道です．

Jupyter Notebook を起動する方法を説明したあとに，Jupyter Notebook の使い

方を丁寧に説明します．Jupyter Notebook を起動できたら，説明を読みながらサンプルプログラムで説明の内容を確認しましょう．

1.3　Jupyter Notebook の起動

　以下の説明で Jupyter Notebook を起動できなかった場合は，こちらのウェブサイト[3] をご覧ください．補足の説明も記載されているため，不明点のある方も参照するとよいでしょう．

　Windows の方は，スタートボタン → Anaconda3（64-bit）（32-bit OS の方は Anaconda3）→ Jupyter Notebook で起動できます．macOS の方ははじめにターミナルを起動しましょう．Launchpad → その他 → ターミナルで起動できます．ターミナルにて，"jupyter notebook" と入力して，Enter キーを押すことで実行しましょう．これにより普段使っているブラウザ上にて，図 1-1 のように Jupyter Notebook が起動されます．

　特に設定を変更していない方は，Windows では C:¥Users¥[ユーザ名] において，macOS では Users/[ユーザ名] において Jupyter Notebook が起動されるで

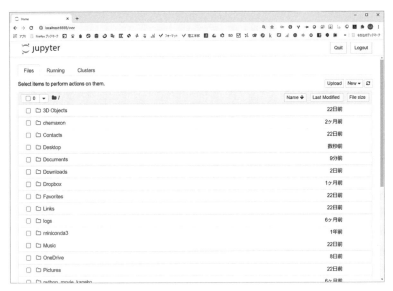

図 1-1　Jupyter Notebook の起動画面（Notebook Dashboard）
ブラウザとして Chrome[4] を使用．

しょう．本書では，このフォルダ（Windows では C:¥Users¥［ユーザ名］，macOS
では Users/［ユーザ名］）に作業用フォルダを作成します．python_scej という名前
のフォルダを作成しましょう．基本的にはこのフォルダ（ディレクトリ）で作業しま
す．本書で用いるファイルはこのフォルダに置きましょう．

　本章のサンプルプログラム（サンプル Notebook）sample_program_1.ipynb は
GitHub のウェブサイト[5] にあります．他のサンプル Notebook やサンプルデータ
セットと一緒に zip ファイルでダウンロードし，解凍しましょう．ダウンロード
は，ウェブサイトにおける（緑色の）"Code" をクリックしたあとに，"Download
ZIP" をクリックしてください．万が一 zip ファイルを解凍できない方はこちらの
ウェブサイト[6, 7] を参照ください．すべてのファイルを作業用フォルダ内に置いて
ください．

　Jupyter Notebook の起動画面（図 1-1）において，作業用フォルダ python_scej
をクリックするとそのフォルダに移動できます．sample_program_1.ipynb などの
ファイルが表示されたでしょうか？　sample_program_1.ipynb をクリックするこ
とでサンプル Notebook を開きましょう．図 1-2 のような表示画面になることを確
認してください．

図 1-2　サンプル Notebook の表示画面（Notebook Editor）

Jupyter Notebook 上ではなく，Windows エクスプローラや macOS Finder の
フォルダ上で sample_program_1.ipynb をダブルクリックなどしても，Notebook
を開くことはできないため注意しましょう．

1.4　セルおよびセルのタイプとモード

Jupyter Notebook では，"セル"と呼ばれる領域に Python プログラムの命令
（ソースコード，あるいは単純にコード）やテキストを記入します．開いているサ
ンプル Notebook で，"Python で気軽に化学・化学工学"と書いてある領域，"こ
のサンプル Notebook を〜"と書いてある領域をクリックすると，それぞれ異なる
領域がアクティブになり，異なるセルに内容が記載されていることがわかると思い
ます．コードやテキストが記述されたセルを実行することで，その内容を実現でき
ます．Jupyter Notebook では複数のセルを用いて，セルへのコードの記入と実行
とを繰り返しながら Python プログラミングを進めます．

セルには Code セルと Markdown セルの 2 タイプがあり，それぞれに編集モー
ドとコマンドモードがあります．Python プログラミングを効率的に行うため，ま
ずはセルのタイプとモードを理解しましょう．

Code セルはコードを書き，それを実行するためのセルです．サンプルプログラ
ムにおける"#Code セルの例"とある 3 つ目のセルをクリックしてください．
Code セルの左には"In[ ]:"と記載されており，セルを実行すると実行したコー
ドの順番が［　］の中に表示されます．# を書くとそれより右側はコメントとして
扱われ，実行されません．コメントの数字や文字は緑色の斜体で表示されます．コ
メント以外のコードは基本的に半角英数字記号を使います．

Markdown セルは，プログラムを見やすくしたり，説明を加えたり，実行結果
に関するメモを残したりしたいときに，セルにテキストを書くためのもので，日本
語も使えます．サンプル Notebook における 1 つ目，2 つ目や 4 つ目のセルが
Markdown セルの例です．Markdown 記法[8] と呼ばれる記法により，文字を * で
囲むことで斜体にしたり，** で囲むことで太字にしたりなど装飾することもでき，
実行することで装飾が反映されます．サンプル Notebook における 1 つ目のセルで
は Markdown 記法の # を使用して見出しにしています．セルをダブルクリックし
て編集モードにすることで # が出ることを確認しましょう（図 1-3）．

Run ボタン ▶Run （図 1-3）を押すと実行され，装飾が反映された状態に戻るこ

図 1-3 Markdown セルの編集モード

とを確認しましょう．同じ # でも Code セルと Markdown セルとで意味が異なる
ため注意してください．Markdown 記法で装飾したい場合は，こちらのウェブサ
イト[9] を参考にするとよいでしょう．

　Code セルと Markdown セルには，それぞれ編集モードとコマンドモードがあり
ます．編集モードでは対象のセルにおける外枠の左側が緑色になり，コードやテキ
ストを書き込めます．コマンドモードでは対象のセルにおける外枠の左側が水色に
なり，カーソルキー上で上のセルに，カーソルキー下で下のセルに移動できます．

　モードとタイプの変更の仕方を説明します．セルをクリックして対象のセルに移
動しましょう．セルの左端をクリックするとコマンドモードに，記述がある領域を
クリックすると編集モードに移行できます．実行後の Markdown セルでは編集モー
ドに移行するために記述がある領域をダブルクリックする必要があります．プルダ
ウンメニュー（図 1-3）で Code を選ぶ Code ▾ と Code セルに，Markdown を
選ぶ Markdown ▾ と Markdown セルに対象セルのタイプを変更できます．

　サンプル Notebook の 5 つ目のセルにおいて，編集モードとコマンドモードとの
間や，Code セルと Markdown セルとの間を行き来しましょう．

1.5　セルの実行

1.4 節において Markdown セルを実行したように，セルがどのタイプやモードであっても Run ボタン M Run を押すと，そのセルの内容を実行できます．Code セルではコードが実行され，Markdown セルでは文字の装飾が反映されます．

実行のショートカットキーは Ctrl＋Enter キー（Ctrl キーを押しながら Enter キーを押す）です．Shift＋Enter キーにより，セルの内容を実行して下のセルに移動できます．連続するセルの内容を続けて実行したいときに便利です．

Markdown セルとして作成した，Python コードが記述されていないセルを，Code セルに変更して実行すると，内容が Python コードでないためエラーとなりますので注意しましょう．

サンプル Notebook における 6 つ目以降の足し算・引き算・掛け算・割り算・余り・べき乗の例を実行してください．足し算であれば図 1-4 のように，Code セルの下に "Out[2]: 137" など，計算結果が表示されることを確認しましょう．

Code セルにおいてコードを変更したあと，再度実行しないと "Out[ ]:" の結果は更新されません．注意しましょう．

図 1-4　足し算の実行結果

1.6　おもな操作方法

その他，Jupyter Notebook でよく使う操作は以下のとおりです．
- ✓　1 つ下に空のセルを挿入：メニューの Insert → Insert Cell Below
- ✓　セルを削除：メニューの Edit → Delete Cells
- ✓　セルをコピー：メニューの Edit → Copy Cells
- ✓　セルを切り取り：メニューの Edit → Cut Cells
- ✓　セルを下に貼り付け：メニューの Edit → Paste Cells Below

これらの操作方法を参考にして，新たなセルを挿入し，そのセルを削除してみま

しょう.

　再び新たなセルを挿入し，四則演算を組み合わせた計算をするためのコードを書いてください. そのセルを実行し，計算結果が正しいか確認しましょう. たとえば，身長 172 cm で体重 58 kg の人の BMI の値（体重 [kg]÷身長 [m]÷身長 [m]）を計算してみましょう. およそ 19.6 と計算されたでしょうか？　ちょっと痩せぎみですね. 自身の BMI についても計算してみましょう.

1.7　キーボードショートカット

　Jupyter Notebook で Python プログラミングするときに便利なキーボードショートカットがあります. セルを実行するときに用いた Ctrl＋Enter キーや Shift＋Enter キーもその 1 つです. キーボードショートカットを駆使することで，キーボードのみで効率的に Python プログラミングができるようになります. サンプル Notebook の最後のセルに "Jupyter Notebook の有用な操作方法のまとめ" があります. ぜひご活用ください.

1.8　Jupyter Notebook の終了

　上書き保存の仕方は，メニューの File → Save and Checkpoint もしくは，Ctrl＋S キー（Word や Excel などと同じ）です. こまめに保存しながら進めるようにしましょう.

　最後に，サンプル Notebook を閉じて，Jupyter Notebook を終了する方法を説明します. まず，サンプル Notebook の表示画面（図 1-2）において，File タブ→ Close and Halt でサンプル Notebook を閉じます. 次に，Jupyter Notebook の起動画面（図 1-1）において Quit をクリックすることで Jupyter Notebook を終了できます. 最後に，ブラウザの Jupyter Notebook のタブを閉じましょう.

2

Python プログラミングの基礎を学ぶ

第 1 章では，Python プログラミングを行うためのソフトウェア Jupyter Notebook の使い方を学び，Python で四則演算をしました．本章では，Python プログラミングの基礎を学びます．

本章ではサンプル Notebook の sample_program_2.ipynb を用います．GitHub のウェブサイト[5] からダウンロードして，第 1 章のサンプル Notebook と同じ作業用フォルダ（ディレクトリ）に置いてください．Jupyter Notebook でサンプル Notebook を開き，今回の内容に対応するタイトルが Markdown セルに記載されており，必要に応じて Code セルにコードが記載されていることを確認してください．

2.1 数値や文字などの扱い

多くのプログラミング言語では，変数を宣言して作成したり，変数に数値や文字などを代入したり，それを使用したりします．Python では，事前に変数を宣言する必要はありません．たとえば x = 1 は，x という名前の変数を作成し，数値 1 を x に代入することを意味します．x = 1 と記載されているセルを実行すると x に 1 が代入され，x とだけ書いてある次のセルを実行すると 1 と表示されます．その次のセルを実行すると答えは 3 と表示されます．

数値や文字を代入した変数に，別の数値や文字を代入すると変数の値が置き換わります．ここまで，x は 1 でしたが，x = 3 とすれば，x の値は 3 になります．x だけ書かれた次のセルを実行すれば 3 と表示されるでしょう．この状態で x = x + 6 とあるセルを実行すると 9 と表示されます．ここで，x + 6 の計算をしたあとに，その計算値を x に代入するので，このセルの実行後は x の値は 9 になります．次

の3つのセルを実行することで，x, y, z の変数を用いた計算の結果を確認しましょう．なお，Code セルの最後の行が，変数名だけや変数を用いた計算だけのときには，そのセルを実行すると実行結果が表示されます．

　Code セルにおいてコードを変更したあと，再度実行しないと変数の内容は更新されません．セルの内容を変更したら，忘れずに実行するようにしましょう．

　変数名を単にaとかbとかにすると，他の人や時間が経ったあとの自分が見たときに理解しにくい Python コードになります．わかりやすい変数の名前に設定する習慣を身につけることが重要です．

　多くの変数を作成したあと，作成したすべての変数名を一字一句間違わずに思い出すことは容易ではありません．そのようなときには whos コマンドで存在する変数を表示できます．whos と記載されたセルを実行すると，これまでに作成した変数の情報が表示されることを確認してください．表示される情報は，Variable, Type，Data/Info で，それぞれ変数名，データ型，変数の値を意味します．データ型については後述します．

　whos で存在する変数を確認できるといっても，変数が多すぎると煩雑になってしまいます．不要になった変数は del で消去できます．del x とあるセルと whos とあるセルをそれぞれ実行し，x が削除されていることを確認してください．del y, z のように変数名をカンマで区切って並べることで，複数の変数を同時に消去できます．すべての変数を消去するには，reset を実行します．その際，"Once deleted, variables cannot be recovered. Proceed (y/[n])?" と聞かれますので，削除して問題なければ y を（半角で）入力して Enter キーを押すと実際にすべての変数が消去され（n を入力あるいは何も入力しないで Enter で取り消し），whos の実行結果は，"Interactive namespace is empty." となります．ここまで対応するセルを逐次実行しましょう．

　変数操作の基本を理解したかどうかの確認のため，実際にコードを書いてみましょう．密度 998 kg/m^3，粘度 0.001 005 Pa·s の流体が，内径 0.030 m の円管を流束 0.10 m/s で流れています．まず，密度・粘性係数・内径・流束の変数をわかりやすい名前で作成し，値を代入してください．その際，スラッシュは割り算を意味するため，変数名に使うことはできないことに注意しましょう．変数に値を入力した後，密度 [kg/m^3]×流束 [m/s]×内径 [m]÷粘度 [Pa·s] でレイノルズ数を計算するコードを書いてみてください．コードの例はサンプル Notebook の一番下にあります．

2.2 数値や文字の集合の扱い

　ここまでは変数に数値を代入しましたが，文字列などを代入することもできます．数値や文字列などのデータの種類をデータ型と呼びます．前節で whos を実行した際に Type と出力された列がデータ型を意味しています．Python でよく使うデータ型は以下のとおりです．

　　✓　数値型 int, float

　　✓　シーケンス型 str, tuple, list

　数値型は数値を扱うデータ型で，int は整数（integer）に，float は小数を含む数（浮動小数点数）に対応します．変数に代入するときには，データ型を気にする必要はありません．変数に整数を代入すればその変数のデータ型は int 型に，小数を代入すれば float 型になります．ある変数のデータ型を知りたいときには，type(変数名) と入力します．サンプル Notebook では reset で一度変数を削除していますので，height_cm = 172.2 とあるセルを実行することで変数に数値を代入し，その後 type(height_cm) と書かれたセルを実行してデータ型を確認してください．

　シーケンス型は順番のある要素の集合を扱うデータ型です．その1つである str では文字列（strings）を扱います．'（シングルクオテーション）もしくは"（ダブルクオテーション）で囲むと文字列になります．変数に文字列を代入すればその変数のデータ型は str 型になります．last_name ='kaneko'とあるセルを実行することで変数に文字列を代入し，中身を表示して確認してから，type(last_name) と書かれたセルを実行してデータ型を確認してください．その後の3つのセルで，ダブルクオテーションで文字列を作る例がありますので実行して確認しましょう．

　53.5 のデータ型は float 型であり，'53.5'のデータ型は str 型です．サンプル Notebook にあるように type(53.5) や type('53.5') と type( ) に直接数値や文字列を入力することで，そのデータ型を出力させることもできます．

　tuple（タプル），list（リスト）は，数値や文字列といった要素を複数扱うときに用います．中の要素を初期の値から変更できないようにしたいときには tuple を用い，変更したいときは list を用います．原子量などの物理量をまとめた変数を tuple 型で作成すれば，プログラム中で不用意に変更される心配はありません．

　tuple の要素は（ ）で囲み，カンマで要素を区切ります．numbers =(1,2,3,4,5) とあるセルを実行することで変数に tuple を代入し，その後 numbers とあるセルを実行して中身を確認してください．tuple 型の変数では，[ ]の中に要素の順番

を入れて中の要素を選択します．Python では順番が 0 から始まることに注意して
ください．numbers[0] を実行すると 1，numbers[2] を実行すると 3 と表示されま
す．[　] の中を −1 とすると一番最後を選択でき，−2, −3, … はそれぞれ最後か
ら 2, 3, … 番目を意味します．numbers[-1] を実行すると 5，numbers[-2] を実行
すると 4 と表示されます．

　tuple の変数の要素を変更しようとするとエラーになります．numbers[0] = 6 と
あるセルを実行することで "TypeError：'tuple' object does not support item
assignment" というエラーが表示されることを確認しましょう．先に説明したよ
うに tuple では中の要素を初期の値から変更できないことがエラーの内容からもわ
かります．

　list の要素は [　] で囲み，カンマで要素を区切ります．characters = ['a', 'b',
'c', 'd'] とあるセルを実行することで変数に list を代入し，その後 characters とあ
るセルを実行して中身を確認してください．list 型の変数でも，tuple 型の変数と
同様にして中の要素を選択します．characters[0] を実行すると 'a' が表示されま
す．list 型の変数は中の要素を変更可能です．characters[2] = 'e' と書かれたセル
を実行してから characters の中身を表示すると ['a', 'b', 'c', 'd'] となります．

2.3　組み込み関数による効率的な処理

　関数とはプログラム上で定義された複数の処理がまとめられたものです．関数は
入力される値（引数：ひきすう）に基づいて関数内で処理をして，その結果（返値：
かえりち）を出力します．Python にあらかじめ実装されている関数（組み込み関
数）の中では，以下の 3 つをよく使います．

- ✓　print(　)
- ✓　len(　)
- ✓　sum(　)

print(　) は (　) 内の数値や文字列などを表示する関数です．print('Hello
World') とあるセルを実行すれば，Hello World という文字列が表示されます．繰
り返し計算をするときに，print(　) で繰り返し回数を表示させることで，計算の
進捗状況を把握できます．

　len(　) は (　) 内の str，tuple，list などのベクトルの長さを返す関数です．
文字列では文字数を，tuple や list では要素の数を取得します．len('Hello World')

とあるセルを実行すると半角スペースを入れた文字数が, `len(numbers)` や `len(characters)` とあるセルを実行すると, それぞれ tuple や list の要素数が表示されることを確認しましょう. `prices =[  ]` と書かれたセルを実行して空の list の変数を作成すると, 要素数は 0 ですので, `len(prices)` とあるセルを実行すると 0 になります.

　`sum(  )` は ( ) 内の要素の総和を返す関数です. `sum(numbers)` を実行すると, $1, 2, 3, 4, 5$ の総和である 15 が表示されます. 数値のみが格納されている tuple, list しか入力できないため注意しましょう. `sum(characters)` を実行するとエラーになります.

　`len(  )` や `sum(  )` を用いて, 数値を要素とする list の変数の平均値を計算できます. 平均値は要素の総和を要素数で割った値です. たとえば, `numbers =[4,3,1,5,2]` の平均値を計算してみましょう. 3.0 と計算されたでしょうか？ コードの例はサンプル Notebook の 1 番下にあります.

　データ解析・機械学習を行うための Python プログラミングの基礎は以上であり, その他の必要なプログラミング技術については今後の各節の中でその都度扱います. さらにプログラミングを学習したい方は Python の入門書[10] が参考になります.

3

データセットの読み込み・確認・変換・
保存ができるようになる

第 2 章では，Python プログラミングの基礎を学びました．本章では，解析を行うためのデータセットの読み込みや，データセットの確認・変換・保存ができるようになることを目標とします．

本章ではサンプル Notebook の sample_program_3.ipynb を用います．GitHub のウェブサイト[5] からダウンロードして，作業用フォルダ（ディレクトリ）に置いてください．

本書では，データを扱うときに csv ファイルを用います．文字化けを防ぐ観点から，csv ファイルの名前や csv ファイルの中身は半角英数字に限定しています．ご了承いただくとともに，csv ファイルにおいて日本語をお使いの方は半角英数字に変換をお願いします．

3.1 データセットの読み込み

今回の説明に用いるサンプルデータ iris_with_species.csv は Fisher の論文[11] にある "あやめのデータセット"（Fisher's Iris Data）[12] です．iris_with_species.csv は GitHub のウェブサイト[5] にサンプル Notebook と一緒にあります．150 個のあやめについて，がく片長（Sepal Length），がく片幅（Sepal Width），花びら長（Petal Length），花びら幅（Petal Width）が計測されており，csv 形式で格納されています．ダウンロードしたファイルを Excel などで一度中身を確認してください．

本書では iris_with_species.csv のように，サンプルが縦に，サンプルを表現するための特徴量（変数のほうが一般的な呼び方ですが，プログラミングにおける変数と区別するため特徴量と表現します）が横に並ぶ形式の数値や文字列の集まりを

データセットと呼びます．データセットにおいて，iris_with_species.csv の sample1，sample2 のような 1 番左の列はサンプルの名前，Species，Sepal.Length のような 1 番上の行は特徴量の名前として，データセットの中身とは別に扱います．あるサンプルのある特徴量の中身は，数値でも文字列でも構いません．

　csv ファイルのデータセットを読み込むため，第 1 章でインストールした Anaconda のパッケージ内にある pandas[13] というプログラム群（ライブラリ）を Jupyter Notebook 上で使用します．pandas はデータ解析をサポートするライブラリの 1 つです．pandas を活用することでデータの読み込み・操作・保存といった基本的なデータの扱いや，基礎統計量の計算などができます．

　pandas 自体はすでにインストールされていますが，そのままでは利用することができません．Jupyter Notebook で import pandas というコードを実行することで，pandas を取り込んで利用できるようになります．

　データセットの読み込みには，pandas.read_csv( ) を用います．( ) 内における index_col = 0 は csv ファイルの 1 番左の列は各行の名前（サンプルの名前）とすることを，header = 0 は 1 番上の行は各列の名前（特徴量の名前）とすることを意味します．dataset = pandas.read_csv('iris_with_species.csv',index_col = 0,header = 0) が記述されたセルを実行することで，データセットを読み込み dataset という変数に格納しています．dataset とあるセルを実行することで，Jupyter Notebook 上で dataset を表示すると，図 3.1 のようになることを確認してください．

Out[3]:

	Species	Sepal.Length	Sepal.Width	Petal.Length	Petal.Width
sample1	setosa	5.1	3.5	1.4	0.2
sample2	setosa	4.9	3.0	1.4	0.2
sample3	setosa	4.7	3.2	1.3	0.2
sample4	setosa	4.6	3.1	1.5	0.2
sample5	setosa	5.0	3.6	1.4	0.2
sample6	setosa	5.4	3.9	1.7	0.4
sample7	setosa	4.6	3.4	1.4	0.3
sample8	setosa	5.0	3.4	1.5	0.2
sample9	setosa	4.4	2.9	1.4	0.2
sample10	setosa	4.9	3.1	1.5	0.1
sample11	setosa	5.4	3.7	1.5	0.2
sample12	setosa	4.8	3.4	1.6	0.2

図 3-1　あやめのデータセットの一部
　　　　csv ファイルを Jupyter Notebook で読み込んだあとに表示.

先ほど `import pandas` で pandas を取り込みましたが，一般的には `import pandas as pd` と，名前を pd と名付けて取り込みます．プログラム内で pandas と長い名前を使わずに pd と短くすることでライブラリ内の関数を扱いやすくします．データセットの読み込みも `dataset = pd.read_csv('iris_with_species.csv',index=0,header=0)` となります．サンプル Notebook における次の 3 つの Code セルを実行し，データセットを読み込めることを確認しましょう．

`type(dataset)` で `dataset` のデータ型を確認すると，"pandas.core.frame.DataFrame" と表示されます．これを略して DataFrame 型と呼びます．

3.2 データセットの中身の確認

データセットの大きさを調べるためには shape を使います．DataFrame 型の変数では，**変数名**.`shape` とすることで，大きさを取得できます．`dataset.shape` とあるセルを実行することで "(150,5)" と表示されることを確認しましょう．`dataset.shape[0]`, `dataset.shape[1]` とあるセルを実行すると，それぞれ "150"，"5" と表示されます．あやめのデータセットは，行の数（サンプルの数）が 150，列の数（特徴量の数）が 5 であることがわかります．

DataFrame 型の変数では，**変数名**.`index` とすることで行の名前（サンプルの名前）を，**変数名**.`columns` とすることで列の名前（特徴量の名前）を取得できます．`dataset.index` や `dataset.columns` とあるセルを実行することで，それぞれサンプルの名前や特徴量の名前が表示されることを確認しましょう．"length=150" は行の数（サンプル数）が 150 であることを，"dtype='object'" は中身が文字列であることを表しますが，特に気にしなくて構いません．

`dataset.index`, `dataset.columns` ともに，`tuple`, `list` と同様にして [ ] の中に要素の順番を入れることで，対象の番号の要素のみを選択できます．`dataset.index[0]`, `dataset.columns[0]` とあるセルを実行することで，それぞれ最初のサンプルの名前，最初の特徴量の名前が表示されます．順番を [2,4] のように list で与えることで，各要素の順番に対応した複数個の要素を選択できます．たとえば，`dataset.index[[2,4]]` としたセルを実行すると，（0 番目から数えて）2 番目と 4 番目のサンプル名（すなわち，`dataset.index[2]` および `dataset.index[4]`）を表示できます．`dataset.index[[5,10,3]]` とあるセルも実行して結果を確認しましょう．"dtype='object'" は中身が文字列であることを表しますが，特に気にし

なくて構いません. *i* 番目から *j* 番目までのすべての要素を参照したいときは,
`dataset.index[i:j + 1]` とします. `dataset.index[31:35]` とあるセルを実行す
ると, 31 番目から 34 番目までのサンプル名が表示されます. `[　]` の中を−1 とす
ると一番最後を参照でき, −2, −3, … はそれぞれ最後から 2, 3, … 番目を意味しま
す. `dataset.index[-1]`, `dataset.columns[-1]` とあるセルを実行すると, それ
ぞれ最後のサンプル名, 最後の特徴量の名前が表示されます. 余裕のある方は, サ
ンプル Notebook においてセルを追加し, 適当な順番のサンプル名や特徴量名を出
力して, csv ファイルのサンプル名や特徴量名と等しくなることを確認しましょう.

　DataFrame 型の変数では, **変数名**`.iloc[i,j]` とすることで, *i* 番目の行 (サン
プル) における *j* 番目の列 (特徴量) の要素を選択できます. `dataset.iloc[0,0]`
のセルを実行すると "'setosa'", `dataset.iloc[2,3]` のセルを実行すると "1.3"
と表示されます. また, *i* 番目のサンプルにおけるすべての特徴量の要素を選択し
たいときは `dataset.iloc[i,:]`, *j* 番目の特徴量におけるすべてのサンプルの要素
を選択したいときは `dataset.iloc[:,j]` とします. 複数の要素を指定する方法は,
`index`, `columns` の方法と同じです. 次の 6 つのセルを実行することで結果を確認
しましょう.

　あやめのデータセットにおける 0 番目の特徴量の中身は, あやめの種類 setosa,
versicolor, virginica を表す文字列です. 機械学習では, このようなカテゴリーを
表す文字列を 0, 1 のみで表される変数 (ダミー変数) として扱うことがあります.
あやめの種類は setosa, versicolor, virginica それぞれに対応する 3 つのダミー変
数で表され, たとえば setosa のサンプルでは, setosa に対応するダミー変数だけ
1 となり, それ以外の 2 つのダミー変数は 0 になります.

　カテゴリー変数をダミー変数に変換するには, `pd.get_dummies(　)` を使います.
(　) 内に変換したい変数を入力して実行します. `dummy_dataset = pd.get_dummies`
`(dataset.iloc[:,0])` と記述されたセルを実行することで, あやめのデータセッ
トにおける Species をダミー変数に変換してから `dummy_dataset` という変数に代
入します. `dummy_dataset` とあるセルを実行することで中身を表示し, カテゴリー
変数が 0, 1 で表現されたことを確認しましょう.

3.3　データセットの保存

　DataFrame 型の変数では, **変数名**`.to_csv(　)` とすることで, 変数の中身をデー

タセットのサンプルの名前や特徴量の名前と一緒に保存できます．`dummy_dataset.to_csv('species_dummy.csv')` と書かれたセルを実行することで，ダミー変数に変換したデータセットを，species_dummy.csv という名前の csv ファイルに保存しましょう．そのあとに csv ファイルを Excel などで開き，3.2 節で表示したダミー変数のデータセットと同じようなデータセットが保存されていることを確認しましょう．

　サンプル Notebook には，【参考】として DataFrame 型の変数を横につなげる方法に関する解説があります．よく読みながらサンプル Notebook を実行しましょう．

　本章で学習した内容を確認するため，仮想的な装置のデータセット（virtual_equipment.csv）を用いた練習問題がサンプル Notebook にあります．ぜひトライしてみましょう．

4

データセットの特徴を把握する

第3章では，データ解析ライブラリ pandas を利用して，解析を行うためのデータセットの読み込み・保存・要素の確認をしました．本章では，読み込んだデータセットがどのようなものであるか概観し，統計的な特徴を把握するための基本的な統計解析ができるようになることを目標とします．

サンプル Notebook は sample_program_4.ipynb です．これまでと同様に，サンプル Notebook は本文に対応する形で準備されていますので，対応する箇所を実行してください．

まず，最初の5つの Code セルを実行しましょう．あやめのデータセットが読み込まれ dataset という変数に格納され，数値の特徴量である Sepal.Length，Sepal.Width，Petal.Length，Petal.Width の値が，サンプルの名前や特徴量の名前と一緒に x の変数に格納されます．

4.1 行列形式によるデータセットの表現

i 番目のサンプル（標本）における，j 番目の特徴量の値を $x_j^{(i)}$ と表現します．行列形式では表 4-1 のようになります．たとえば，先ほどセルを実行したことで作成された x では，$x_2^{(3)}:3.2$，$x_4^{(6)}:0.4$ となります．

4.2 ヒストグラムによるデータの分布の確認

特にサンプルの数や特徴量の数が多いとき，表を眺めるだけではデータセット全体の特徴を把握することはできません．特徴量ごとの値の分布を確認したい場合

表 4-1　特徴量の値の表現方法

	特徴量 1	特徴量 2	特徴量 3	・・・
サンプル 1	$x_1^{(1)}$	$x_2^{(1)}$	$x_3^{(1)}$	・・・
サンプル 2	$x_1^{(2)}$	$x_2^{(2)}$	$x_3^{(2)}$	・・・
サンプル 3	$x_1^{(3)}$	$x_2^{(3)}$	$x_3^{(3)}$	・・・
サンプル 4	$x_1^{(4)}$	$x_2^{(4)}$	$x_3^{(4)}$	・・・
・・・	・・・	・・・	・・・	・・・

は，ヒストグラムを作成します．ヒストグラムとは，横軸を連続的に区切られた特徴量の値の範囲（階級），縦軸を範囲ごとのデータの個数（度数）としたグラフです．ヒストグラムにより，ある特徴量においてどの値の範囲にどの程度のデータ量があるか，つまりデータの分布を確認できます．

　区切られた区間のことをビンと呼び，ビンの数を決めると範囲の大きさも決まります．ヒストグラムにおいてビンの数が異なれば，異なるデータ分布として見えてしまうことがあります．ビンの数として，サンプル数の平方根が採用されることもありますが，最良のビンの数があるわけではありません．ビンの数をいくつか変えてヒストグラムを作成し，データ分布を確認することが重要です．

　ヒストグラムの作成のため，Matplotlib[14] というグラフ描画ライブラリを使用します．Matplotlib にはデータを入力するだけでさまざまな形式のグラフを描画してくれる関数が多数あり，Anaconda をインストールしたときに一緒にインストールされています．

　ヒストグラムやあとに扱う散布図を描画するためには，Matplotlib の matplotlib.pyplot モジュールの関数を使用します．Jupyter Notebook 上で使用できるように，まず matplotlib.pyplot を取り込む（import する）必要があります．サンプル Notebook における本節の最初の Code セルを実行して matplotlib.pyplot を取り込みましょう．一般的には `import matplotlib.pyplot as plt` と，`matplotlib.pyplot` という長い名前を `plt` と省略して取り込みます．

　ヒストグラムを作成するためには `hist( )` という関数を使用します．たとえば数値が格納されている DataFrame 型の変数 x において，ビンの数を 10 にして 1 番目の特徴量のヒストグラムを作成するには，`plt.hist(x.iloc[:,0],bins = 10)` とします．このように，`hist( )` に変数とビンの数を渡せば，その変数のヒストグラムを作成できます．サンプル Notebook では，図のフォントのサイズや横軸・縦

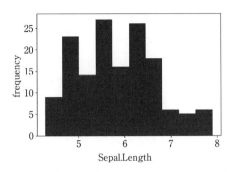

図 4-1 ビンの数が 10 のときの Sepal.Length のヒストグラム

軸の名前を設定しています．それらが反映されたヒストグラムの図を描画するには，`plt.show(   )` を実行する必要があります．サンプル Notebook において，特徴量の番号やビンの数を指定するセルや，ヒストグラムを作成して描画するセルを実行しましょう．あやめのデータにおいて，ビンの数を 10 にして Sepal.Length のヒストグラムを描くと図 4-1 のようになることを確認してください．ヒストグラムにより，ある変数においてどの値の範囲にどの程度のデータ量があるか，つまりデータ分布を確認できるわけです．あやめのデータセットにおいて，ビンの数を変えたり，特徴量を変えたりしてヒストグラムを描画し，データ分布を確認しましょう．

4.3 おもな基礎統計量を計算することによる特徴量間の比較

ヒストグラムによって特徴量ごとのデータ分布を把握することはできますが，複数の特徴量の間でデータ分布を比較するためには，ヒストグラムを特徴量の数だけ作成してそれらの差異を目で確認しなければなりません．特徴量の数が多くなればなるほど確認は困難になります．特徴量間のデータ分布を簡単に比較するためには，データ分布の特徴を数値化できれば便利です．

基礎統計量は，データ分布の特徴を表現するために計算する値です．たとえば平均値や中央値は，データ分布の中心を表現するために計算されます．j 番目の特徴量の平均値（mean）m_j は以下の式で計算できます．

$$m_j = \frac{\sum_{i=1}^{n} x_j^{(i)}}{n} \tag{4.1}$$

ここで n はサンプル数です．中央値は，特徴量の値を小さい順に並び替え，順番が中央に位置する値とします．サンプルの数が偶数のときは中央の 2 つの値の平均をとります．特徴量に極端に大きいもしくは小さい値（外れ値）が存在するとき，平均値は式(4.1) より外れ値の影響を受けますが，中央値では順番が中央の値のみ考慮されるため外れ値の影響を受けにくいです．中央値は外れ値に対して頑健な統計量といわれています．ただし，大きい値や小さい値が変わっただけでは中央値は変化しないため，データセットの変化の確認には向かないことがあります．

　分散*（variance）や標準偏差（standard deviation）は，データ分布のばらつきを表現するために計算されます．j 番目の特徴量の分散 v_j，標準偏差 s_j はそれぞれ以下の式で計算できます．

$$v_j = \frac{\sum_{i=1}^{n}(x_j^{(i)} - m_j)^2}{n-1} \tag{4.2}$$

$$s_j = \sqrt{v_j} \tag{4.3}$$

平均値から離れた値が多くあるような特徴量では，分散や標準偏差の値が大きくなり，データ分布が中心からばらついていると考えられます．分散において二乗した値を，標準偏差において平方根をとることで戻しているため，標準偏差の単位は特徴量の単位と同じです．

　pandas の DataFrame 型の変数に格納されたデータセットにおける平均値・中央値・分散・標準偏差を計算するためには，それぞれ変数名.mean( )，変数名.median( )，変数名.var( )，変数名.std( ) とします．サンプル Notebook における本節に該当する最初の 5 つのセルを実行して，あやめのデータにおける各特徴量の平均値・中央値・分散・標準偏差を計算しましょう．たとえば Sepal.Length においては，それぞれおよそ $5.8, 5.8, 0.69, 0.83$ となったでしょうか？

　平均・分散・標準偏差は，平均値付近に値が集中するようなデータ分布である正規分布に基づいて導出される統計量です．正規分布や各統計量について学習したい方は統計学の入門書[15] が参考になります．データ分布が正規分布に従うならば，2 つの特徴量で平均・分散・標準偏差がそれぞれ等しいときは同じデータ分布といえますが，正規分布に従わない場合は，たとえ 2 つの特徴量で平均・分散・標準偏差

＊ 厳密には，式(4.2) のような $n-1$ で割る分散のことを不偏分散といい，n で割る分散のことを標本分散といいます．本書においては特に区別する必要はありませんが，統一して不偏分散を分散として使用します．

がそれぞれ等しいとしても，同じデータ分布とは限りません．注意しましょう．

　平均値・中央値・分散・標準偏差の他にも，たとえば，合計，最大値，最小値は，それぞれ pandas の関数 sum( )，max( )，min( ) で計算できますし，他にもさまざまな統計量を算出する関数が用意されています．サンプル Notebook の本節に該当するセルの 6 つ目以降を実行しましょう．各統計量について興味のある方は統計学の本[16] を辞書として使用したりウェブ検索で調べたりしてみましょう．

4.4　散布図による特徴量間の関係の確認

　ヒストグラムによって特徴量ごとのデータ分布を確認でき，基礎統計量によって各特徴量のデータ分布を比較できるようになりました．散布図を用いれば，特徴量間の関係性（データ分布が分かれている，1 つの特徴量の値が大きいときもう一方の特徴量の値も大きい，など）を確認できます．散布図とは，縦軸をある特徴量，横軸を別の特徴量としてサンプルを点でプロットしたグラフです．

　散布図を作成するためには，ヒストグラムと同様に Matplotlib ライブラリの pyplot モジュールを利用し，その中の scatter( ) を使用します．たとえば Data-Frame 型の変数 x において，1 番目の特徴量と 2 番目の特徴量の散布図を作成するには，plt.scatter(x.iloc[:,0], x.iloc[:,1]) とします．このように，scatter( ) に散布図としてプロットしたい 2 つの変数を渡せば，散布図を作成できます．サンプル Notebook では，図のフォントのサイズや横軸・縦軸の名前を設定しています．それらが反映された散布図を描画するには，plt.show( ) を実行する必要があります．サンプル Notebook において，散布図を描画する 2 つの特徴量の番号を指定するセルや，散布図を作成して描画するセルを実行しましょう．あやめのデータでは，Sepal.Length と Sepal.Width の散布図を描くと図 4-2 のようになります．確認しましょう．散布図により，2 つの特徴量の間の関係性を把握できるわけです．あやめのデータにおいて，特徴量の組合せを変えて散布図を描画し，それぞれの関係性を確認しましょう．

4.5　相関係数による特徴量間の関係の強さの確認

　散布図によって 2 つの特徴量間の関係性を確認できますが，たとえば 10 個の特徴量しかないときでも 2 つの特徴量の組合せをすべてみるためには，$_{10}C_2 = 45$ の散

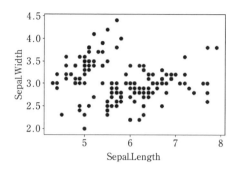

図 4-2 Sepal.Length と Sepal.Width の散布図

布図を描画しなければなりません．すべての散布図を確認したり比較したりすることは大きな手間ですので，相関係数によって 2 つの特徴量間の関係を数値化します．相関係数とは，2 つの特徴量間にある直線的な関係の強さの指標であり，j 番目の特徴量と k 番目の特徴量との間の相関係数 $r_{j,k}$ は以下の式で計算できます．

$$c_{j,k} = \frac{1}{n-1} \sum_{i=1}^{n} (x_j^{(i)} - m_j)(x_k^{(i)} - m_k) \tag{4.4}$$

$$r_{j,k} = \frac{c_{j,k}}{s_j s_k} \tag{4.5}$$

ここで $c_{j,k}$ は j 番目の特徴量と k 番目の特徴量との間の共分散です．共分散とは，特徴量のばらつき度合いを表す分散（式(4.2)）を 2 つの特徴量間のばらつき度合いに拡張したものです．相関係数は，共分散をそれぞれの特徴量の標準偏差（s_j, s_k）で割ることで −1 から 1 までの値をとるように正規化したものといえます．

　j 番目の特徴量の値が大きいほど k 番目の特徴量の値も大きく，j 番目の特徴量の値が小さいほど k 番目の特徴量の値も小さいような関係性のとき，$r_{j,k}$ は 1 に近づき，正の相関があるといいます．逆に，j 番目の特徴量の値が大きいほど k 番目の特徴量の値は小さいような関係性のとき，$r_{j,k}$ は −1 に近づき，負の相関があるといいます．

　相関係数の値によって以下のようにいわれており，相関係数の値ごとの散布図の例を図 4-3 に示します．

　　✓　0.9 くらい：強い正の相関がある
　　✓　0.5 くらい：中程度の正の相関がある
　　✓　0.3 くらい：弱い正の相関がある

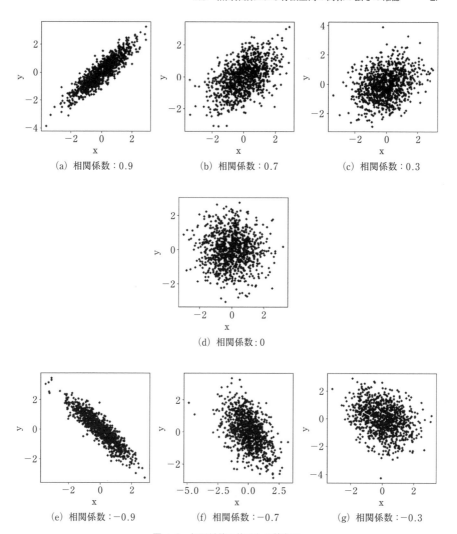

図4-3 相関係数の値ごとの散布図

✓ 0：相関がない（無相関）

✓ −0.3くらい：弱い負の相関がある

✓ −0.5くらい：中程度の負の相関がある

✓ −0.9くらい：強い負の相関がある

　データセットが格納された DataFrame 型の変数における相関行列を計算するためには，**変数名**.corr(　)とします．相関行列とは，2つの特徴量のすべての組合せの相関係数を並べて行列で表したものです．サンプル Notebook における本節に該当する部分を実行して，あやめのデータにおける相関行列を計算しましょう．たとえば Petal.Length と Pepal.Width との間の相関係数は，およそ 0.96 となったでしょうか？ "強い正の相関がある" といえますね．

　サンプル Notebook には，【参考】として値の大きさに応じて色付けした図であるヒートマップで相関行列を確認できる Python コードもあります．特に特徴量の数が多いデータセットを扱うときに，相関行列を確認しやすく便利です．

　本章で学習した内容を確認するため，仮想的な装置のデータセット（virtual_equipment.csv）を用いた練習問題がサンプル Notebook にあります．ぜひトライしてみましょう．

5

データセットを前処理して扱いやすくする

　第4章では，データセットがどのようなものであるか概観するため，ヒストグラム・散布図の作成や，基礎統計量・相関係数の計算をしました．本章では，さらにデータ解析や機械学習を行う前に行うべき，データセットの前処理を扱います．ここでは各節にサンプル Notebook があります．

5.1　特徴量のスケールの統一化

　サンプル Notebook は sample_program_5_1.ipynb です．

5.1.1　データセットの行列・ベクトルによる表現

　第3章と同様に，i番目のサンプルにおける，j番目の特徴量の値を $x_j^{(i)}$ と表現します．複数のサンプルおよび複数の特徴量からなるデータセットを以下のような行列 $\mathbf{X}$ で表します．

$$
\mathbf{X} = \begin{bmatrix}
x_1^{(1)} & x_2^{(1)} & \cdots & x_{k-1}^{(1)} & x_k^{(1)} \\
x_1^{(2)} & \ddots & \vdots & \ddots & x_k^{(2)} \\
\vdots & \cdots & x_j^{(i)} & \cdots & \vdots \\
x_1^{(n-1)} & \ddots & \vdots & \ddots & x_k^{(n-1)} \\
x_1^{(n)} & x_2^{(n)} & \cdots & x_{k-1}^{(n)} & x_k^{(n)}
\end{bmatrix} \tag{5.1}
$$

ここで k は特徴量の数，n はサンプルの数です．

　1つの特徴量は縦ベクトルです．j番目の特徴量は式 (5.1) の j 列目を取り出したものであり，以下のように $\mathbf{x}_j$ と表します．

$$
\mathbf{x}_j = \begin{bmatrix} x_j^{(1)} & x_j^{(2)} & \cdots & x_j^{(n-1)} & x_j^{(n)} \end{bmatrix}^{\mathsf{T}} \tag{5.2}
$$

ここで ^T の記号はベクトルを転置することを意味します.

5.1.2 特徴量の標準化

特徴量の中には,長さや重さなど単位が異なるものもあります.同じ長さを表す
特徴量で,同じ 1 という数値であっても,たとえば単位が nm(ナノメートル)の
ときと m(メートル)のときとでは,物理的な長さは 1×10^9 倍も異なります.さ
らに第 4 章にてヒストグラムや基礎統計量で特徴量のデータ分布を確認したよう
に,同じ単位の特徴量の中にも色々なデータ分布の特徴量があります.

データ解析では,基本的にデータセット内にある異なる単位の特徴量や異なる
データ分布の特徴量が一緒に扱われます.解析前に特徴量のスケールをそろえるた
め,たとえばすべての特徴量の平均値を 0,標準偏差を 1 にします.このような
データセットの前処理のことを特徴量の標準化(autoscaling または standardiza-
tion)と呼びます.特徴量ごとに,特徴量からその特徴量の平均値を引き,その後
に特徴量の標準偏差で割ることで,すべての特徴量の平均値を 0,標準偏差を 1 に
そろえます.式で表すと $x_j^{(i)}$ は以下のように標準化されます.

$$\frac{x_j^{(i)} - m_j}{s_j} \tag{5.3}$$

ここで m_j, s_j はそれぞれ j 番目の特徴量における平均値と標準偏差です(4.3 節参
照).特徴量のスケールをそろえるため,データセットを解析する前には特徴量の
標準化を行うことが一般的です.

Python で特徴量の標準化をしましょう.第 4 章にて特徴量の平均値や標準偏差
の計算は行いましたので,それらを用いて特徴量から平均値を引いたあとに標準偏
差で割ります.DataFrame 型の変数 x については,(x-x.mean( ))/x.std( )
で計算できます.

サンプル Notebook の本項の最初の Code セルを実行して,あやめのデータセッ
トについて特徴量の標準化をしましょう.ここでエラーが出た場合は,標準偏差が
0 となって,0 で除算している可能性があります.このような場合は標準偏差が
0 の特徴量を削除する必要があります.詳しくは 5 つ下のセルの【参考】をご覧く
ださい.次の 2 つのセルを実行して標準化前後のデータセット(x および
autoscaled_x)を表示し,値が変わっていることを確認します.次の 2 つのセル
を実行して標準化した特徴量の平均値や標準偏差を計算し,それぞれおよそ 0 や 1
になることを確認しましょう.なお,表示される "e−15" や "e−16" はそれぞれ

10^{-15}, 10^{-16} を表します.

　本節で学習した内容を確認するため，仮想的な装置のデータセット（virtual_equipment.csv）を用いた練習問題がサンプル Notebook にあります．ぜひトライしてみましょう.

5.2　ばらつきの小さい特徴量の削除

　本節および次節では，8.6 節で学ぶ for 文，if 文を用います．for 文や if 文に慣れていない方は，本節・次節を飛ばして，8.6 節まで進んでから，再度こちらに戻るとよいと思います．学習内容の観点からも，本節・次節を飛ばして第 6 章に進んでもまったく問題ありません．むしろ 8.6 節のクロスバリデーション（Cross-Validation, CV）を学んでからのほうが，本節のデータの前処理の必要性を理解しやすいかもしれません.

　前節において特徴量の標準化をしましたが，標準偏差が 0 の特徴量があると，0で割ることはできませんので，特徴量の標準化ができません．そこで前節の最後に，標準偏差が 0 の特徴量を削除する処理を学びました．これは，ばらつきのまったくない特徴量を削除した，といえます.

　ばらつきが 0 ではありませんが，小さい特徴量もあります．たとえばデータセットにおいて 100 サンプルあるとき，1 つのサンプルだけ値が 1 で，他の 99 サンプルはすべて値が 0 の特徴量は，あまりばらついていません．このような，同じ値をもつサンプルの割合が大きい特徴量は情報量が小さいため，削除することがあります.

　8.6 節で学ぶ CV では，データセットにおけるサンプルを p 個のブロックに分割し，$p-1$ 個のブロックのみ使用します（詳細は 8.6 節をご覧ください）．100 サンプル中で 1 つのサンプルだけ値が 1 で，他のサンプルの値が 0 の特徴量は，$p=5$のとき，4 個のブロック（80 サンプル）だけ取り出したとき，すべてのサンプルで値が 0 になってしまう可能性があります．これでは特徴量の標準化ができません.

　同じ値をもつサンプルの割合が，ある閾値以上の特徴量を削除することを考えます．たとえば上の $p=5$ の CV のとき，閾値を 0.8（80 ％）とすれば安心です．同じ値をもつサンプルの割合が 0.8 以上の特徴量を削除しておけば，CV でランダムにサンプルをブロックに分割し，その中から 4 個のブロックだけを取り出しても，各特徴量においてすべてのサンプルで同じ値になることはありません．このよう

に, p 個のブロックに分割する CV (p-fold CV) をするときは, 閾値を $(1-1/p)$ 以下にしましょう.

ばらつきの小さい特徴量といっても, 標準偏差 (もしくは分散) が小さい特徴量を削除するわけではないことに注意しましょう. ある特徴量において, 99 のサンプルすべてで値が 0 でも, 残りの 1 つのサンプルにおいて 10^{30} など非常に大きい値であると, 標準偏差は大きくなってしまいます. また, 長さの単位を nm から m にしただけで, 標準偏差の大きさは 10^{-9} 倍となり, 非常に小さくなってしまいます. これらのような状況が生じる可能性のある中では, 標準偏差に閾値を設けることにより適切に特徴量を削除するのは難しいといえます. 本節で学んだように, 同じ値をもつサンプルの割合に閾値を設けることにより, 特徴量を削除するようにしましょう.

本節のサンプル Notebook は sample_program_5_2.ipynb です. サンプルデータセットとして沸点の測定された化合物のデータセット[17]である descriptors_all_with_boiling_point.csv を用います. 294 個の化合物について, 沸点の測定値と 200 の分子記述子 (特徴量) のあるデータセットです. データセットを読み込み, 標準偏差が 0 の特徴量があることを確認するまで, Code セルを実行しましょう.

ある特徴量において, 同じ値をもつサンプルの割合を計算するために, 値ごとのサンプルの個数を調べる必要があります. それには**変数名.value_counts( )**を用います. たとえば (0 から数えて) 5 列目の特徴量における値ごとのサンプル数は **x.iloc[:,5].value_counts( )** とします. これが書かれた Code セルを実行すると, 結果は

84.162	9
116.160	8
112.216	8
88.150	8
(省略)	
Name:MolWt, Length:160, dtype:int64	

となります. これは, サンプル数の大きい値の順に, 84.162 をもつサンプル数が 9, 116.160 をもつサンプル数が 8, であることを示します. 1 番下の Name:MolWt, Length:160, dtype:int64 は, MolWt という名前の特徴量であり, 値の種類が 160

であることを表します（ちなみに，このセルの実行結果は Series 型の変数を表示
したものです．DataFrame 型（第 3 章参照）の変数は行列を表す一方で Series 型
の変数はベクトルを表します．84.162, 116.160, 112.216, … はインデックス名であ
り，上の結果は 9, 8, 8, … が要素のベクトルを意味します．ただ，Series 型の変数
については特に気にしなくても問題ありません．dtype:int64 は要素が整数のベク
トルであることを表しますが，こちらも気にしなくて構いません）．次の 2 つの
Code セルを実行しましょう．150 列目の特徴量は値がすべて 0 であり，70 列目の
特徴量は 292 もの多くのサンプルで値が 0 であることがわかります．

　次の Code セルのように x.iloc[:,70].value_counts( )[0] とすると，最も
サンプルの多い値のサンプル数を取得できます．実行して確認しましょう．この値
を全サンプル数（x.shape[0]）で割れば，同じ値をもつサンプルの割合の最大値
になります．次の Code セルを実行して確認しましょう．

　以上のことを利用して，同じ値をもつサンプルの割合が閾値以上の特徴量のみを
選択します．まず，同じ値をもつサンプルの割合の閾値を設定します．threshold_
of_rate_of_same_values = 0.8 の Code セルを実行しましょう．同じ値をもつサ
ンプルの割合が閾値以上となる特徴量の番号を入れるための，空の list の変数
deleting_variable_numbers_in_same_values を準備します．次の Code セルを
実行しましょう．その次の Code セルで for 文と if 文を使用します．for 文と if 文
を学ぶ必要のある方は，まず 8.6 節をご覧になってからのほうがよいでしょう．
Code セルを実行すると，特徴量ごとに各値のサンプルの個数を調べ，サンプル数
が最大の値について，同じ値をもつサンプルの割合が閾値以上のときに deleting_
variable_numbers_in_same_values に特徴量の番号を追加します．次の Code セ
ルで deleting_variable_numbers_in_same_values に追加された特徴量の番号を
確認でき，さらに次の Code セルで deleting_variable_numbers_in_same_values
の長さ，つまり削除される特徴量の数を確認できます．次の 6 つの Code セルで
DataFrame 型の変数に変換し，インデックス名や列名を整理したあとに，csv ファ
イルに保存しています．

　ある行列を表す DataFrame 型の変数から，対象の特徴量（列）を削除するには，
変数名.drop(名前, axis = 1) とします．axis = 1 は “名前” という列名の列を削
除することを表します（axis = 0 は “名前” という行名の行を削除することを表
します）．次の Code セルを実行して削除する特徴量の名前を確認し，さらに次の
Code セルで削除した結果を表示して確認しましょう．

　次の 3 つの Code セルで，特徴量を削除した結果を別の変数 x_new にしたり，x_newを表示して確認したり，x_new の標準偏差を確認したりしましょう．標準偏差が 0 の特徴量はないことがわかります．そのため，次の Code セルのように特徴量の標準化をすることもできます．

　本節で学習した内容を確認するため，水溶解度の測定された化合物のデータセット[18] である descriptors_all_with_logs.csv を用いた練習問題がサンプル Notebook にあります．このデータセットは，1290 個の化合物について，水溶解度の測定値と 200 の分子記述子（特徴量）のあるデータセットです．目的変数である logS とは，水への溶解度を S [mol/L] としたときの $\log(S)$ のことです．ぜひ練習問題にトライしてみましょう．

5.3　類似した特徴量の組における一方の特徴量の削除

　本節でも，8.6 節で学ぶ for 文，if 文を用います．for 文や if 文に慣れていない方は，本節を飛ばして，8.6 節まで進んでから，再度こちらに戻るとよいと思います．学習内容の観点からも，本節を飛ばして第 6 章に進んでもまったく問題ありません．

　データセットの中に，まったく同じ特徴量が 2 つあるとき，どちらかを削除しても問題ありません．むしろ，8.4 節で扱う最小二乗（Ordinary Least Squares）法による線形重回帰分析において，まったく同じ特徴量が 2 つ以上あると式(8.9) の逆行列を計算できないため，事前にどちらかを削除する必要があります．

　まったく同じではなくても，類似している（情報が重複している）2 つの特徴量があるとき，一方の特徴量を削除しても，もう一方の特徴量が削除した特徴量と同じような役割を担えると考えられます．むしろ，データ解析における問題点の 1 つとして8.5 節で挙げる共線性に対処する 1 つの方法として，類似している特徴量の一方を削除することが考えられます．

　本節では，特徴量間の類似度を相関係数（4.5 節参照）の絶対値として，その値が閾値以上の特徴量の組において，一方の特徴量を削除します．これによりデータセットにおいて，設定した閾値より大きい相関係数の絶対値をもつ特徴量の組は存在しなくなります．

　閾値より大きい相関係数の絶対値をもつ特徴量の組において，どちらの特徴量を削除するかに関して，他の特徴量との相関係数の絶対値の総和が大きいほうとしま

す．これにより，データセット内において他の特徴量との間で，より情報の重複の
ない特徴量が残ると考えられます．

相関係数の絶対値の閾値として，最良な値があるわけではありません．閾値を小
さくすると，より多くの特徴量が削除され，共線性を低減できる一方で，重要な特
徴量が削除されてしまう危険性が大きくなります．閾値を大きくすると，重要な特
徴量が削除されてしまう危険性は小さくなりますが，相関の高い特徴量の組が残
り，特徴量の削除前と共線性があまり変わらないかもしれません．たとえば回帰分
析やクラス分類を行うときは，回帰モデルやクラス分類モデルの推定性能を確認し
ながら，閾値を考えるとよいでしょう．閾値の目安として 0.95 を採用している論
文[19] もあります．

本節のサンプル Notebook は sample_program_5_3.ipynb です．サンプルデータ
セットとして 5.2 節と同じ沸点の測定された化合物のデータセット[17]
descriptors_all_with_boiling_point.csv を用います．データセットを読み込み，分
子構造の特徴量の（沸点以外の）データセットを x とし，x の相関行列を確認する
まで，Code セルを実行しましょう．相関係数の値の中に NaN があります．標準
偏差が 0 の特徴量においては，相関係数を計算することができないため，本来であ
れば相関係数の値が入るところが NaN になっています．相関係数の計算の前に標
準偏差が 0 の特徴量を削除するため，5.2 節で計算した結果である deleting_
variable_numbers_in_same_values.csv（同じ値をもつサンプルの割合が大きい特
徴量を削除した結果）を使用します．まだ 5.2 節のサンプル Notebook を実行して
いない方は，事前に実行してください．次の 4 つの Code セルを実行し，x から同
じ値をもつサンプルの割合が大きい特徴量を削除して，x および x の相関行列を確
認しましょう．

次の Code セルを実行して r_in_x という名前の変数を x の相関行列とし，さら
に次のセルを実行して r_in_x の絶対値をとりましょう．これにより，正もしくは
負の相関が強いほど，値が 1 に近くなります．r_in_x の相関行列における対角線
の要素は自分自身との相関係数であり 1 です．他の特徴量と完全に（正もしくは負
に）相関している意味での相関係数の絶対値 1 と区別するため，次の Code セルを
実行して対角線の要素を 0 にします．

次の Code セルで相関係数の絶対値の閾値を threshold_of_r ＝ 0.95 とします．
サンプル Notebook を一通り実行したあとに，この閾値を大きくしたり小さくした
りして，削除される特徴量の種類や数を確認するとよいでしょう．

　相関係数の絶対値が閾値以上となる特徴量の組における，一方の特徴量の番号を入れるための，空の list の変数 deleting_variable_numbers_in_r を準備します．次の Code セルを実行しましょう．その次の Code セルで for 文と if 文を使用します．Code セルでは，相関係数の絶対値が閾値以上の特徴量の組がなくなるまで，削除する特徴量の番号を deleting_variable_numbers_in_r に追加します．コードを確認して実行しましょう．次の Code セルで deleting_variable_numbers_in_r に追加された特徴量の番号を確認でき，さらに次の Code セルで deleting_variable_numbers_in_r の長さ，つまり削除される特徴量の数を確認できます．次の 6 つの Code セルで DataFrame 型の変数に変換し，インデックス名や列名を整理したあとに，csv ファイルに保存しています．

　ある行列を表す DataFrame 型の変数から，対象の特徴量（列）を削除するには，前節と同様に**変数名.drop(名前,axis = 1)** とします．次の Code セルを実行して削除する特徴量の名前を確認し，さらに次の Code セルで削除した結果を表示して確認しましょう．

　次の 3 つの Code セルで，特徴量を削除した結果を別の変数 x_new にしたり，x_newを表示して確認したり，x_new の相関行列を確認したりしましょう．相関係数の絶対値が threshold_of_r 以上の特徴量の組はないことがわかります．

　本節で学習した内容を確認するため，前節と同じ水溶解度のデータセット（descriptors_all_with_logs.csv）を用いた練習問題がサンプル Notebook にあります．ぜひトライしてみましょう．

6

データセットの見える化（可視化）をする

　第4章では，散布図によって2つの特徴量間の関係を確認することができました．散布図に3軸目を用いることで，3つの特徴量を軸としてプロットされたサンプルのデータ分布を確認できますが，それより多くの4つ以上の特徴量のデータ分布は直接見ることができません．

　これまで取り扱ってきたあやめのデータセットをはじめとして，データセットには特徴量が4つ以上あることが多くあります．本章の主成分分析（Principal Component Analysis, PCA）や t-distributed Stochastic Neighbor Embedding (t-SNE) を行いデータセットの情報を圧縮することで，特徴量が4つ以上あるデータセットにおいて，すべての特徴量を考慮したのと同様な"散布図"を作成できます．PCA や t-SNE によりデータセットのサンプル全体の様子を見える化（可視化）できます．

6.1　主成分分析（Principal Component Analysis, PCA）

　サンプル Notebook は sample_program_6_1.ipynb です．特徴量を標準化するところまで Code セルを実行しましょう．

　本節ではこれ以降，行列やベクトルの掛け算・単位行列・行列式が出てきます．これらについて確認したい方は，事前に筆者のサポートページ[20]もしくは入門書[21]をご覧ください．なお，こちらのウェブサイト[1]には，データ解析・機械学習に必要な数学の基礎や統計の基礎を学ぶための，著者がお薦めする本の紹介があります．

　PCA は式(5.1)のように特徴量で表されたデータセットを，特徴量の数より低次元のパラメータで表されるデータセットに変換できる分析手法です．PCA ではパ

ラメータを主成分と呼びます．主成分の値はすべての特徴量の値から計算され，たとえば4つの特徴量のデータセットについて2つの主成分で散布図を作成することで，4つのすべての特徴量を考慮したデータセットの可視化が可能になります．

2つの特徴量 x_1, x_2 のデータセットに対して PCA を行うことを想定した概念図を図 6-1 に示します．左側の図は9つのサンプルの x_1 と x_2 に関する散布図です．x_1 と x_2 との間には相関があり，サンプルが右上から左下にかけてばらついて（分散して）います．このようなデータセットにおいて PCA を行うと，右図のようにサンプルが最も分散している方向に新たな軸 t_1 を設定できます．これを第1主成分と呼びます．

第2主成分は，第1主成分と直角に交わる（直交する）方向の中でサンプルが最も分散している方向に決めます．特徴量が m 個のデータセットであれば，第3主成分，第4主成分，…，第 m（正確にいえばデータセットの階数）主成分が定義でき，他の主成分と直交する方向の中で，サンプルが最も分散している方向に決めます．図 6-1 を見ると，もとは x_1, x_2 の2つの特徴量で表されていたデータセットについて，第1主成分のみで，サンプルのばらつきの大部分を表現できていることがわかります．つまり，2つの特徴量からなるデータセットの特徴を1つの主成分で説明できていることとなり，第2主成分の情報を無視することで，もとのデータセットを低次元化できます．

特徴量が2つの場合において，PCA の具体的な計算を数式で説明します．i 番目のサンプルの j 番目の主成分の値（主成分スコア）を $t_j^{(i)}$ と表現します．PCA 後のデータセットを以下のような行列 $\mathbf{T}$ と表します．

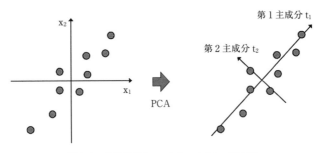

図 6-1　特徴量が2つのときの PCA の概念図

$$\mathbf{T} = \begin{bmatrix} t_1^{(1)} & t_2^{(1)} \\ t_1^{(2)} & t_2^{(2)} \\ \vdots & \vdots \\ t_1^{(n-1)} & t_2^{(n-1)} \\ t_1^{(n)} & t_2^{(n)} \end{bmatrix} \tag{6.1}$$

1つの主成分は縦ベクトルです. 一般にj番目の主成分は式(6.1)のj列目を取り出したものであり, 以下のように$\mathbf{t}_j$と表します.

$$\mathbf{t}_j = [t_j^{(1)} \quad t_j^{(2)} \quad \cdots \quad t_j^{(n-1)} \quad t_j^{(n)}]^{\mathrm{T}} \tag{6.2}$$

主成分は以下のように特徴量の線形結合, つまり特徴量に数値を掛けて足し合わせたもので表されます.

$$\begin{aligned} \mathbf{t}_1 &= \mathbf{x}_1 p_1^{(1)} + \mathbf{x}_2 p_1^{(2)} \\ \mathbf{t}_2 &= \mathbf{x}_1 p_2^{(1)} + \mathbf{x}_2 p_2^{(2)} \end{aligned} \tag{6.3}$$

ここで$p_j^{(k)}$は第j主成分に対するk番目の特徴量の重みであり, ローディングと呼ばれます. 式(6.3)を行列で表すと以下のようになります.

$$\mathbf{T} = \mathbf{X}\mathbf{P} \tag{6.4}$$

ただし$\mathbf{P} = [\mathbf{p}_1, \mathbf{p}_2]$, $\mathbf{p}_1 = [p_1^{(1)}, p_1^{(2)}]^{\mathrm{T}}$, $\mathbf{p}_2 = [p_2^{(1)}, p_2^{(2)}]^{\mathrm{T}}$ です. $\mathbf{X} = [\mathbf{x}_1, \mathbf{x}_2]$ であり, 式(5.1)の$k=2$に対応します.

$\mathbf{t}_1$の分散が最大のときのローディング$p_1^{(1)}, p_1^{(2)}$を求めることを考えます. ローディングベクトル$\mathbf{p}_1$は第1主成分の方向を表すベクトルであり, その大きさを定めないと一意に決めることができません. そのためローディングの制約条件として$\mathbf{p}_1$の大きさを1とします. このとき以下の式が成り立ちます.

$$(p_1^{(1)})^2 + (p_1^{(2)})^2 = 1 \tag{6.5}$$

$\mathbf{x}_1, \mathbf{x}_2$は標準化されているため平均値は0です. これにより$\mathbf{x}_1, \mathbf{x}_2$の線形結合で表される$\mathbf{t}_1$の平均値も0です. 分散の式(式(4.2))より, $\mathbf{t}_1$の分散は主成分スコアを二乗して足し合わせたものを$n-1$で割ったものとなりますので, 分散を最大化することは主成分スコアの二乗和Sを最大化することと同義です. Sは式(6.3)より以下のように変形できます.

$$\begin{aligned} S &= \sum_{i=1}^{n} (t_1^{(i)})^2 \\ &= \sum_{i=1}^{n} (x_1^{(i)} p_1^{(1)} + x_2^{(i)} p_1^{(2)})^2 \\ &= (p_1^{(1)})^2 \sum_{i=1}^{n} (x_1^{(i)})^2 + 2 p_1^{(1)} p_1^{(2)} \sum_{i=1}^{n} x_1^{(i)} x_2^{(i)} + (p_1^{(2)})^2 \sum_{i=1}^{n} (x_2^{(i)})^2 \end{aligned} \tag{6.6}$$

　式 (6.5) を満たしながら式 (6.6) の S が最大となる $\mathbf{p}_1$ を求める必要があるため，変数に制約条件がある場合の最適化を行うための数学的な方法であるラグランジュの未定乗数法[20] を用います．つまり，λ を未知の定数として以下の式の G が最大となる $\lambda, p_1^{(1)}, p_1^{(2)}$ を求めます．

$$G = S - \lambda\left((p_1^{(1)})^2 + (p_1^{(2)})^2 - 1\right)$$

$$= (p_1^{(1)})^2 \sum_{i=1}^n (x_1^{(i)})^2 + 2p_1^{(1)} p_1^{(2)} \sum_{i=1}^n x_1^{(i)} x_2^{(i)} \tag{6.7}$$

$$+ (p_1^{(2)})^2 \sum_{i=1}^n (x_2^{(i)})^2 - \lambda\left((p_1^{(1)})^2 + (p_1^{(2)})^2 - 1\right)$$

G が最大ということは G が極大ということであるため，G を $\lambda, p_1^{(1)}, p_1^{(2)}$ で偏微分[20] したものを 0 とします．λ の場合は式 (6.5) と同じになります．$p_1^{(1)}, p_1^{(2)}$ の場合の 2 式を整理すると以下のようになります．

$$\left(\sum_{i=1}^n (x_1^{(i)})^2 - \lambda\right) p_1^{(1)} + \left(\sum_{i=1}^n x_1^{(i)} x_2^{(i)}\right) p_1^{(2)} = 0$$

$$\left(\sum_{i=1}^n x_1^{(i)} x_2^{(i)}\right) p_1^{(1)} + \left(\sum_{i=1}^n (x_2^{(i)})^2 - \lambda\right) p_1^{(2)} = 0 \tag{6.8}$$

式 (6.8) を行列で表現すると以下のようになります．

$$\begin{bmatrix} \sum_{i=1}^n (x_1^{(i)})^2 - \lambda & \sum_{i=1}^n x_1^{(i)} x_2^{(i)} \\ \sum_{i=1}^n x_1^{(i)} x_2^{(i)} & \sum_{i=1}^n (x_2^{(i)})^2 - \lambda \end{bmatrix} \begin{bmatrix} p_1^{(1)} \\ p_1^{(2)} \end{bmatrix} = \mathbf{0} \tag{6.9}$$

$$(\mathbf{X}^{\mathrm{T}} \mathbf{X} - \lambda \mathbf{E}) \mathbf{p}_1 = \mathbf{0}$$

ここで $\mathbf{E}$ は 2×2 の単位行列です．このとき，$p_1^{(1)}, p_1^{(2)}$ が $p_1^{(1)} = p_1^{(2)} = 0$ 以外の解をもつためには，式 (6.9) の行列式が 0 となる必要があります．これは固有値および固有ベクトルを求める問題（固有値問題）[20] であるため，$\mathbf{X}^{\mathrm{T}} \mathbf{X}$ の固有ベクトルを求めると $\mathbf{p}_1, \mathbf{p}_2$ となります．$\mathbf{p}_1, \mathbf{p}_2$ を用いて，式 (6.3) より主成分スコア $\mathbf{T}$ が求まります．

　特徴量が 2 つより多いときも以上の流れと同様に PCA の計算を説明できます．PCA は $\mathbf{X}^{\mathrm{T}} \mathbf{X}$ の固有値や固有ベクトルを求めることです．固有ベクトルがローディングベクトルに対応し，式 (6.3) により $\mathbf{X}$ と $\mathbf{P}$ から主成分スコア $\mathbf{T}$ が計算されます．なお固有値は各主成分の分散に $n-1$ を掛けたものとなります．このことは $\mathbf{P}$ が直交行列であることから証明できますが，発展的な内容のため本書では割愛します．

PCA によってデータセットを主成分で表現できたあとに，それぞれの主成分がもつ情報量を調べ，情報量の大きい主成分から第 1 主成分，第 2 主成分と定義します．PCA では，特徴量 $\mathbf{x}_j$ や主成分 $\mathbf{t}_j$ の分散の値を，情報量として定義します．したがって，$\mathbf{X}$ の全情報量は $\mathbf{x}_j$ の分散の総和になります．$\mathbf{x}_j$ は標準化されており分散が 1 であることから，$\mathbf{X}$ の全情報量は $1 \times m = m$ となります．各主成分 $\mathbf{t}_j$ の分散（＝情報量）を $\mathbf{X}$ の全情報量 m で割ったものをその主成分の寄与率 c_j と呼び，主成分のもつ情報量の割合を表します．たとえば c_1 が 0.6，c_2 が 0.3 のとき，第 1 主成分はデータセットの 60 % の情報量，第 2 主成分はデータセットの 30 % の情報量をもつといい，第 1 主成分と第 2 主成分の散布図には 0.6＋0.3＝0.9，つまりデータセットの 90 % の情報量が含まれます．ある主成分までの寄与率の和を累積寄与率と呼びます．

PCA の実行

Python で PCA を行うため，代表的な機械学習のライブラリ scikit-learn（サイキット・ラーン）[22] を使用します．scikit-learn は Anaconda とともにインストールされています．

まず，from sklearn.decomposition import PCA として，scikit-learn を利用して PCA を実行できるようにします．サンプル Notebook における対応する Code セルを実行しましょう．つぎに，PCA を行ったり，PCA の結果を格納したりするための変数 pca を準備します．pca = PCA() と書かれたセルを実行しましょう．特徴量の標準化を行ったあとのデータセット autoscaled_x に対して PCA を行います．pca.fit(autoscaled_x) と書かれたセルを実行しましょう．PCA が実行され，ローディング P および寄与率などが pca に格納されます．pca.components_ で P を取得できます．以降の 14 個のセルで，P の確認や csv ファイルへの保存を行います．各セルの説明を読みながら実行しましょう．

pca.transform(autoscaled_x) と書かれた Code セルを実行することにより，P を用いて autoscaled_x の主成分スコア T が計算されます．以降の 7 つのセルで，T の確認や csv ファイルへの保存を行います．各セルの説明を読みながら実行しましょう．次の，score.corr() と書かれた Code セルで T の相関行列（4.5 節参照）を計算すると，主成分の間の相関係数はおよそ 0 であり，主成分間は無相関であることがわかります（P が直交行列であることから主成分同士が無相関であることを証明できますが，発展的な内容のため割愛します）．

pca.explained_variance_ratio_ で全主成分の寄与率を参照できます．次のセ

ルを実行して寄与率を確認しましょう．第1主成分，第2主成分の寄与率がそれぞれおよそ 0.73, 0.23 になったでしょうか？　最初の2つの主成分だけで，4つの特徴量のあやめのデータセットにおける情報量のおよそ 96 % をもっていることになります．言い換えると，あやめのデータセットを2次元に削減したとしても，全体の 96 % の情報を表現できるといえます．以降の13個のセルで寄与率の csv ファイルへの保存，計算された累積寄与率の csv ファイルへの保存，寄与率と累積寄与率の図示による確認をします．各セルの説明を読みながら実行しましょう．

　最後に，主成分同士の散布図を作成してあやめのデータセットを可視化します．次の2つの Code セルを実行して，たとえば第1主成分と第2主成分の散布図は図 6-2 のようになることを確認しましょう．4次元空間上のサンプルを2次元平面に写像する場合，これが最も特徴量を表現している結果になります．各主成分における特徴量の重みはローディングで確認できます．他の主成分の組合せにおいても，各主成分の寄与率や主成分間の散布図を確認しましょう．今回は第1主成分と第2主成分の散布図で全体の 96 % という大きな情報量が表現されましたが，第2主成分までの累積情報量（累積寄与率）が小さい場合は第3成分以降も確認するとよいでしょう．

　本節で学習した内容を確認するため，沸点の測定された化合物のデータセット[17] である descriptors_8_with_boiling_point.csv を用いた練習問題があります．このデータセットは，294 個の化合物について，沸点の測定値と化学構造を記述するために数値化された8つ特徴量のデータセットです．ぜひ練習問題にトライしてみましょう．

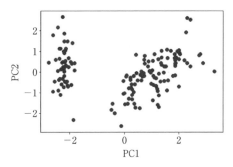

図 6-2　あやめのデータセットにおける，第1主成分（PC1）と第2主成分（PC2）の散布図

6.2 t-distributed Stochastic Neighbor Embedding（t-SNE）

サンプル Notebook は sample_program_6_2.ipynb です．特徴量を標準化すると ころまで Code セルを実行しましょう．t-SNE は PCA と比べて難しい手法です が，可視化手法としてとても実用的です．数式を理解するのが難しかったとして も，サンプル Notebook で t-SNE を実行して，どのようなことができるのか確認 するとよいでしょう．

データセットを可視化するとき，6.1 節の PCA はとても有効な手法ですが，図 4-3 や式（6.3）のように直線で新しい軸を決めるという制約があります．特徴量の 数が多かったり，特徴量の間に複雑な関係があったりすると，第 2 主成分までの累 積寄与率は小さくなり，図 6-2 のような散布図で見ることのできるデータセットの 情報量が少なくなってしまいます．

t-SNE は PCA のような直線の制約はなくデータセットを可視化できる手法で す．PCA のようにデータセットのサンプル群に基づいて新たな軸を計算するとい うより，あらかじめ 2 つの軸（2 次元平面）を準備しておき，そこに見やすいよう にサンプルを配置するようにして可視化します．そのため t-SNE では，2 つの軸 に意味はありません．ただ PCA における表現と合わせるため，2 つの軸における 横軸を第 1 主成分軸（t_1 軸），縦軸を第 2 主成分軸（t_2 軸）と本書では呼ぶことに します．もとのデータセットにおけるサンプル同士の近接関係と，可視化したあと の t_1 vs. t_2 上の 2 次元平面におけるサンプル同士の近接関係が同じになるように， 2 次元平面にサンプルを配置させます．なお，t-SNE でも PCA と同様にして，基 本的に特徴量の標準化（5.1 節参照）をしていることが前提です．

n 個のサンプル，m 個の特徴量があるデータセットを，2 つの主成分 t_1, t_2 に変換 するとします．つまり i 番目のサンプルは $\mathbf{t}^{(i)} = [t_1^{(i)}, t_2^{(i)}]$ と表されます（図 6-3）． t-SNE では，2 つのサンプル間の類似度が，もとのデータセットにおいても，変換 後のデータセットにおいても，それぞれ分布で与えられると仮定します．それら 2 つ の分布が近くなるように $\mathbf{t}^{(i)}$ を計算します．

2 つの分布の近さは，カルバック・ライブラー情報量（Kullback-Leibler divergence）[23] という，2 つの分布の間の距離のような指標で検討します．カル バック・ライブラー情報量が小さいときに，2 つの分布は近いといえます．t-SNE では，以下のカルバック・ライブラー情報量 S が小さくなるように，$\mathbf{t}^{(1)}, \mathbf{t}^{(2)}, \cdots,$ $\mathbf{t}^{(n)}$ を計算します．

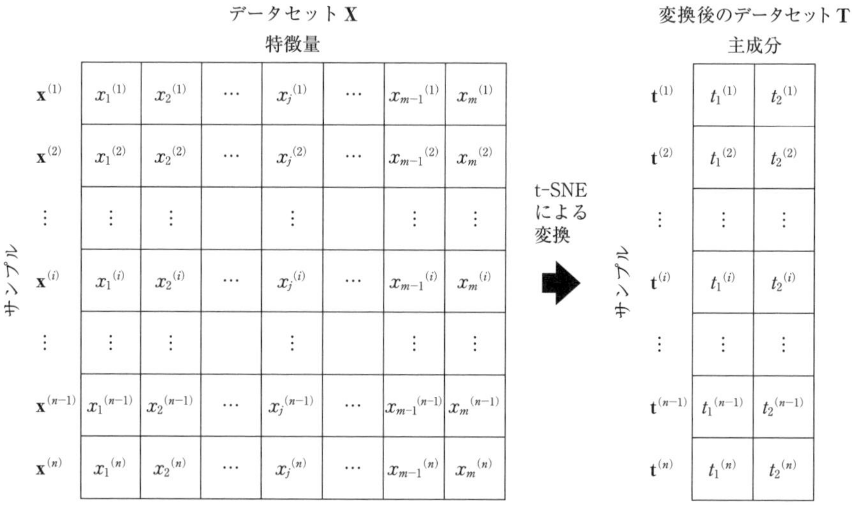

図 6-3 データセットを t-SNE により変換

$$S=\sum_{i=1}^{n}\sum_{k=1}^{n}p_{\mathrm{X}}(\mathbf{x}^{(i)},\mathbf{x}^{(k)})\log\frac{p_{\mathrm{X}}(\mathbf{x}^{(i)},\mathbf{x}^{(k)})}{p_{\mathrm{T}}(\mathbf{t}^{(i)},\mathbf{t}^{(k)})} \tag{6.10}$$

$\mathbf{x}^{(i)},\mathbf{t}^{(i)}$ は，i 番目のサンプルにおけるそれぞれ特徴量の値，t_1, t_2 の値です．p_{X} $(\mathbf{x}^{(i)},\mathbf{x}^{(k)})$，$p_{\mathrm{T}}(\mathbf{t}^{(i)},\mathbf{t}^{(k)})$ は，それぞれ $\mathbf{x}^{(i)}$ と $\mathbf{x}^{(k)}$ の類似度，$\mathbf{t}^{(i)}$ と $\mathbf{t}^{(k)}$ の類似度です（正確にいえば，それぞれ $\mathbf{x}^{(i)}$ と $\mathbf{x}^{(k)}$ の同時確率分布，$\mathbf{t}^{(i)}$ と $\mathbf{t}^{(k)}$ の同時確率分布です）．詳しくは後述しますが，$p_{\mathrm{X}}(\mathbf{x}^{(i)},\mathbf{x}^{(k)})$，$p_{\mathrm{T}}(\mathbf{t}^{(i)},\mathbf{t}^{(k)})$ ともに 0 から 1 の間の値をとり，1 に近いほど 2 つのサンプルは似ていることを示します．

$p_{\mathrm{X}}(\mathbf{x}^{(i)},\mathbf{x}^{(k)})$，$p_{\mathrm{T}}(\mathbf{t}^{(i)},\mathbf{t}^{(k)})$ はそれぞれ以下の式で与えられます．

$$p_{\mathrm{X}}(\mathbf{x}^{(i)},\mathbf{x}^{(k)})=\frac{p_{\mathrm{X}}(\mathbf{x}^{(k)}|\mathbf{x}^{(i)})+p_{\mathrm{X}}(\mathbf{x}^{(i)}|\mathbf{x}^{(k)})}{2} \tag{6.11}$$

$$p_{\mathrm{X}}(\mathbf{x}^{(k)}|\mathbf{x}^{(i)})=\frac{\exp\left(-\dfrac{\|\mathbf{x}^{(k)}-\mathbf{x}^{(i)}\|^2}{2(\sigma^{(i)})^2}\right)}{\displaystyle\sum_{p=1}^{n}\exp\left(-\dfrac{\|\mathbf{x}^{(p)}-\mathbf{x}^{(i)}\|^2}{2(\sigma^{(i)})^2}\right)-1} \tag{6.12}$$

$$p_{\mathrm{T}}(\mathbf{t}^{(i)},\mathbf{t}^{(k)})=\frac{\left(\dfrac{1}{1+\|\mathbf{t}^{(i)}-\mathbf{t}^{(k)}\|^2}\right)}{\displaystyle\sum_{p=1}^{n}\sum_{q=1}^{n}\left(\dfrac{1}{1+\|\mathbf{t}^{(p)}-\mathbf{t}^{(q)}\|^2}\right)-n} \tag{6.13}$$

式 (6.12) の $p_X(\mathbf{x}^{(k)}|\mathbf{x}^{(i)})$ に関して，平均を $\mathbf{x}^{(i)}$，標準偏差を $\sigma^{(i)}$ とする正規分布としています．$\sigma^{(i)}$ に関しては後述します．式 (6.12) の分母は，$k=1, 2, \cdots, i-1, i+1,$ $\cdots, n$ で足し合わせたときに 1 にする規格化のためのものです．$p_X(\mathbf{x}^{(i)}|\mathbf{x}^{(k)}) \neq$ $p_X(\mathbf{x}^{(k)}|\mathbf{x}^{(i)})$ であるため，式 (6.11) で対称性を考慮しています（$p_X(\mathbf{x}^{(k)}, \mathbf{x}^{(i)}) =$ $p_X(\mathbf{x}^{(i)}, \mathbf{x}^{(k)})$）です．

$\sigma^{(i)}$ は，分布の情報量を表す以下の情報エントロピー（シャノンエントロピー）H をある値に固定して決められます．

$$H = -\sum_{k=1}^{n} p_X(\mathbf{x}^{(k)}|\mathbf{x}^{(i)}) \log_2 p_X(\mathbf{x}^{(k)}|\mathbf{x}^{(i)}) \tag{6.14}$$

H は $\sigma^{(i)}$ に対して単調増加するため，二分探索[24] で H が固定された値になるような $\sigma^{(i)}$ が計算されます．実際には H ではなく 2^H をある値に固定します．この 2^H のことを *perplexity* と呼び（*perplexity*$=2^H$），*perplexity* は事前に決める必要があります．5 から 50 の間が一般的です．*perplexity* を最適化する手法[25] もあります．

式 (6.13) の $p_T(\mathbf{t}^{(i)}, \mathbf{t}^{(k)})$ は，自由度 1 の（スチューデントの）t 分布[26] を仮定して設定されています．分母は，自分自身以外で足し合わせたときに 1 にする規格化のためのものです．

$\mathbf{x}^{(i)}$ $(i=1, 2, \cdots, n)$ はデータセットとして与えられており，式 (6.10) の S を小さくするように，$\mathbf{t}^{(i)}$ $(i=1, 2, \cdots, n)$ を計算します．S が小さくなるように $\mathbf{t}^{(i)}$ を少しずつ変化させることを考えます．$\mathbf{t}^{(i)}$ を少し変化させたときに，S がどう変わるかを知るため，S を $\mathbf{t}^{(i)}$ で偏微分します．

$$\frac{\partial S}{\partial \mathbf{t}^{(i)}} = 4\sum_{k=1}^{n} \frac{\{p_X(\mathbf{x}^{(i)}, \mathbf{x}^{(k)}) - p_T(\mathbf{t}^{(i)}, \mathbf{t}^{(k)})\}(\mathbf{t}^{(i)} - \mathbf{t}^{(k)})}{1 + \|\mathbf{t}^{(i)} - \mathbf{t}^{(k)}\|^2} \tag{6.15}$$

この傾きに基づいて，$\mathbf{t}^{(i)}$ を少しずつ変化させ，S を最小化します．実際には，確率的勾配降下法やモメンタム法[27] で $\mathbf{t}^{(i)}$ を更新していきます．$\mathbf{t}^{(i)}$ の初期値は，平均 0，標準偏差 10^{-4} の正規分布に従うような乱数で生成したり，PCA をしたあとの第 1 主成分と第 2 主成分にしたりします．

t-SNE の実行

Python で t-SNE を行うため，6.1 節と同様に scikit-learn[22] を使用します．まず，`from sklearn.manifold import TSNE` として，scikit-learn を利用して t-SNE を実行できるようにします．サンプル Notebook の対応する Code セルを実行しましょう．つぎに，*perplexity* を決めます．*perplexity* は基本的に，5 から 50 の間で値を変えながら可視化の結果を確認するといった，試行錯誤を行う必要がありま

す．ここでは *perplexity* を 30 とします．次の Code セルを実行しましょう．

　t-SNE を行ったり，t-SNE の結果を格納したりするための変数 tsne を準備します．tsne = TSNE(perplexity = perplexity, n_components = 2, init ='pca', random_state = 10)と書かれたセルを実行しましょう．perplexity = perplexity は 1 つ前の Code セルで決めた perplexity を用いること，n_components = 2 は可視化のために主成分の数を 2 とすること，init ='pca' は主成分スコアの初期値を PCA（6.1 節参照）後の第 1 主成分，第 2 主成分とすることを表します．また t-SNE は $\mathbf{t}^{(i)}$ を計算するときにランダム性があり，random_state を設定しないと，t-SNE を実行するたびに結果が変わってしまいますが，random_state を適当な数字で設定することで t-SNE の結果の再現性を担保できます．

　特徴量の標準化を行ったあとのデータセット autoscaled_x に対して t-SNE を行います．tsne.fit(autoscaled_x)と書かれたセルを実行しましょう．t-SNE が実行され，主成分スコア $\mathbf{T}$ が tsne に格納されます．tsne.embedding_で $\mathbf{T}$ を取得できます．以降の 7 個のセルで，$\mathbf{T}$ の確認や csv ファイルへの保存を行います．各セルの説明を読みながら実行しましょう．

　主成分同士の散布図を作成してあやめのデータセットを可視化します．次の 2 つの Code セルを実行して，たとえば第 1 主成分と第 2 主成分の散布図は図 6-4 のようになることを確認しましょう（scikit-learn のバージョンが異なると，結果も異なる可能性があります）．4 次元空間上のサンプルを，特徴量間の非線形性も考慮して 2 次元平面に可視化した結果です．

　本節で学習した内容を確認するため，沸点の測定された化合物のデータセッ

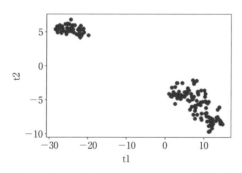

図 6-4　あやめのデータセットにおける，t-SNE による可視化の結果
scikit-learn のバージョンが異なると，結果も異なる可能性があります．

ト[17] である descriptors_8_with_boiling_point.csv を用いた練習問題があります.
このデータセットは，294 個の化合物について，沸点の測定値と化学構造を記述す
るために数値化された 8 つ特徴量のデータセットです．ぜひ練習問題にトライして
みましょう.

7

データセットを類似するサンプルごとに
グループ化する

第 6 章では，主成分分析（Principal Component Analysis, PCA）や t-distributed Stochastic Neighbor Embedding（t-SNE）を用いることで，特徴量が 4 つ以上あるデータセットの次元を削減してサンプル全体の様子を可視化できるようになりました．本章では，階層的クラスタリング（hierarchical clustering）により，データセットを類似したサンプルごとにグループ化できるようになることを目標とします．

サンプル Notebook は sample_program_7.ipynb です．あやめのデータセットの特徴量の数値データのみの変数 x や，あやめの種類の変数 iris_types を準備して確認するまで，Code セルを実行しましょう．

7.1 クラスタリング

第 6 章では，PCA や t-SNE でデータセットのサンプル全体の様子を可視化しました．しかし，もとの特徴量から変換した主成分の一部のみを用いることによるデータセットの情報損失のため，主成分間の散布図において近くにあるサンプル同士が特徴量を軸としたもとの空間においては離れている（類似度が低い）可能性があります．つまり，特徴量の空間におけるサンプル間の距離関係と主成分の空間におけるサンプル間の距離関係とが一致しているとは限りません．したがって，PCA や t-SNE によるデータセットの可視化の結果から，サンプル間の関係（類似性）について誤った結論を導いてしまう可能性があります．

そこで，特徴量の空間におけるサンプルの近接関係を確認するため，クラスタリング（clustering）を行います（クラスター解析やクラスター分析とも呼ばれます）．クラスタリングとは，類似した（たとえば，距離が近い）サンプル同士が同じクラ

スター（cluster，塊，集団，グループ）になるように，サンプルを結合または分割することを指します．

　クラスタリングには k 平均法（k-means clustering）[28] などさまざまな方法がありますが，今回はサンプル同士やクラスター同士が結合する様子を確認しやすい階層的クラスタリングを扱います．

7.2　階層的クラスタリングの基礎

　クラスターが図 7-1 の樹形図（dendrogram，デンドログラム）のように階層的に表現されるとき，特に階層的クラスタリングと呼びます．樹形図の横軸の距離についてはのちほど説明があります．今は距離が近いほどサンプルが類似した特徴をもつことを表すとご理解ください．図 7-1 では以下の順番でそれぞれ 1 つのクラスターになることを意味しています．

　① サンプル 2 とサンプル 5 が距離 1 で結合
　② サンプル 1 とサンプル 4 が距離 2 で結合
　③ サンプル 2, 5 のクラスターとサンプル 3 が距離 3 で結合
　④ サンプル 1, 4 のクラスターとサンプル 2, 3, 5 のクラスターが距離 4 で結合
たとえば ① から ③ まで実行すると，サンプル 1, 4 のクラスターとサンプル 2, 3, 5 のクラスターでサンプルがグループ化されます．どのような分類になっているかあらかじめわかっていないサンプル群に対して，どのサンプルが同じクラスターに属するかを確認して，共通する特徴や異なる特徴を議論することで，新たな発見があるかもしれません．

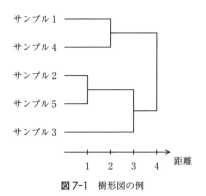

図 7-1　樹形図の例

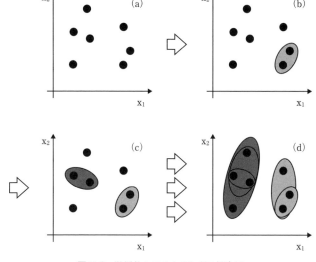

図7-2 階層的クラスタリングの概念図

　階層的クラスタリングの具体的な手順を説明します．図7-2が概念図です．まず各サンプルをそれぞれ1つのクラスターとして割り当てます．たとえば，図7-2の(a)では7つのクラスターがあることになります．次にすべてのクラスター間の距離を計算します．この段階では，各クラスターはそれぞれ1つのサンプルであるため，クラスター間の距離とはサンプル間の距離のことです．一般的な距離であるユークリッド距離とは，定規ではかるような距離のことであり，i番目のサンプルとj番目のサンプルとの間の距離$d_{i,j}$は以下のように計算されます．

$$d_{i,j}=\sqrt{\sum_{k=1}^{m}(x_k^{(i)}-x_k^{(j)})^2} \tag{7.1}$$

ここでmは特徴量の数，$x_k^{(i)}$はi番目のサンプルにおける，k番目の特徴量の値です．一方，解析したい多変量データにおいてすべての特徴量が0, 1のダミー変数（第3章参照）であるときは，ユークリッド距離ではなくマンハッタン距離が適しています．マンハッタン距離とは，碁盤の目のように区画された道しか通れない状況ではかるような距離のことであり，以下のように計算されます．

$$d_{i,j}=\sum_{k=1}^{m}|x_k^{(i)}-x_k^{(j)}| \tag{7.2}$$

たとえば，$(0,0)$と$(1,0)$や$(0,1)$との間の距離は，ユークリッド距離でもマン

ハッタン距離でも 1 になりますが，$(0,0)$ と $(1,1)$ との間のユークリッド距離・マンハッタン距離は，それぞれ $\sqrt{2}, 2$ となり，$(0,0)$ と $(1,0)$ や $(0,1)$ との距離の 2 倍離れていると計算されるマンハッタン距離のほうが，ダミー変数の場合は妥当といえます．

　適切な手法で算出した距離が最も小さいクラスター 2 つを結合して 1 つのクラスターにします．図 7-2(b) ではクラスターの数が 1 つ減り，6 となりました．その後，再度クラスター間の距離を計算します．ここでは 2 つのサンプルを含むクラスターがあるため，複数のサンプルからなるクラスター同士の距離を定義する必要があります．クラスター間の距離の計算方法には，おもに以下の 4 つがあります．

　　Ⅰ）　最近隣法：クラスター同士で，最も近いサンプル同士の距離

　　Ⅱ）　最遠隣法：クラスター同士で，最も遠いサンプル同士の距離

　　Ⅲ）　重心法：クラスター内のサンプルの重心（平均値）の間の距離

　　Ⅳ）　平均距離法：クラスター同士で，すべてのサンプル間の距離の平均値

最近隣法では，たとえばサンプルが数珠のように連なっているときなど，1 つの大きなクラスターになりやすい傾向があります．一方，最遠隣法では，小さなクラスターとして分散しやすい傾向があります．重心法や平均距離法では，それらの傾向は小さいですが，すべての場合に適した最良の方法があるわけではありません．

　Ⅰ）〜Ⅳ) のいずれかの方法でクラスター間の距離を計算し，最も距離の小さいクラスター 2 つを結合して 1 つのクラスターにします．図 7-2(c) ではクラスターの数が 1 つ減り，5 となりました．以上のようなクラスター間の距離の計算と距離が最も近い 2 つのクラスターの結合を，クラスターの数が 2 となるまで繰り返します（図 7-2(d)）．繰返しの中で得られる，結合したクラスターとそのときのクラスター間の距離の情報から，横軸をクラスター間の距離にした図 7-1 のような樹形図を作成できます．

　どの 2 つのクラスターを結合するかを決める方法の 1 つにウォード法（Ward's method）があります．ウォード法は，クラスター内のサンプルのばらつきを考慮して，結合前後のばらつきの変化が最小となる 2 つのクラスターを結合する方法です．計算量は多いですが，Ⅰ）〜Ⅳ) の方法と比べて人の直感と合う階層的クラスタリングの結果になる場合も多いため，よく用いられています．結合する 2 つのクラスターの具体的な決め方として，まず各クラスター内で，すべてのサンプル間における距離の二乗和を計算します．次に，ある 2 つのクラスター A, B における二乗和を S_A と S_B とし，A, B を結合したあとに計算したすべてのサンプル間におけ

る距離の二乗和を S_{AB} としたときに，$S_{AB}-S_A-S_B$ を計算します．$S_{AB}-S_A-S_B$ が小さいということは，結合前後でクラスター内のばらつきが変わらない，つまり統合しても同じようなクラスターになることを意味します．ウォード法では，$S_{AB}-S_A-S_B$ がクラスター間の距離であり，これが最小となる 2 つのクラスターを結合します．

7.3 　階層的クラスタリングの実行

　階層的クラスタリングを Python で実際に行いましょう．ここでは樹形図の結果を確認しやすくするため，150 のあやめから setosa, versicolor, virginica それぞれ 5 サンプルずつ選択して，合計 15 サンプルのみで階層的クラスタリングをします．本節最初の 3 つの Code セルを実行し，15 サンプルの選択および選択されたサンプルの確認をしましょう．

　階層的クラスタリングを行う前に特徴量の標準化（5.1 節参照）を行います．次の Code セルを実行して特徴量の標準化をしましょう．ただし，すべての特徴量がダミー変数でありマンハッタン距離を使用するときは，特徴量の標準化は不要です．

　Python で階層的クラスタリングを行うためには，代表的な科学技術計算ライブラリ SciPy（サイパイ）[29] を使用します．SciPy は統計・最適化・信号処理・スペクトル解析などの行うためのライブラリであり，Anaconda とともにインストールされています．

　まず，from scipy.cluster.hierarchy import linkage, dendrogram, fcluster として，階層的クラスタリングの実行や樹形図の作成をできるようにします．次の Code セルを実行しましょう．階層的クラスタリングを行う関数は linkage(　) です．最初の引数を特徴量の標準化を行ったあとの変数とし，metric にどの距離を用いるかを，method にどの手法を用いるかを指定します．metric, method で指定できるおもな例は以下のとおりです．その他の距離，手法についてはそれぞれこちらのウェブサイト [30,31] をご覧ください．

metric

✓ 'euclidean'：ユークリッド距離

✓ 'cityblock'：マンハッタン距離

✓ 'sqeuclidean'：ユークリッド距離の二乗

method
- ✓ 'single'：最近隣法
- ✓ 'complete'：最遠隣法
- ✓ 'weighted'：重心法
- ✓ 'average'：平均距離法
- ✓ 'ward'：ウォード法

サンプル Notebook における次の Code セルを実行することで，ユークリッド距離を用いたウォード法により階層的クラスタリングを行い，その結果を変数 clustering_results に格納しましょう．

　次に，樹形図を作成します．次の Code セルを実行してグラフ描画ライブラリ Matplotlib（第4章参照）を取り込みます．階層的クラスタリングの結果から樹形図を作成する関数は dendrogram( ) です．階層的クラスタリングの結果である clustering_results を引数にして実行すると樹形図を作成できます．サンプル Notebook では labels = x.index としてサンプル名を指定し，color_threshold = 0 として樹形図の線を青色で描くようにし，orientation＝'right' として右向きの樹形図にしています．次のセルを実行して，図7-3の樹形図が描画されることを確認しましょう．横軸の distance は結合したクラスター間の距離を表します．dendrogram( ) に labels であやめの種類を指定すると，樹形図でサンプル名の代わりにあやめの種類を確認できます．次の Code セルを実行して描画される樹形

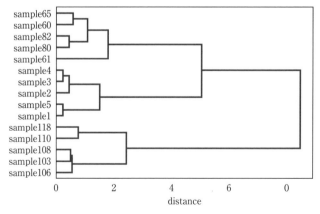

図7-3　あやめのデータに関する樹形図の例

図であやめの種類を確認しましょう．同じ種類のあやめが，異なる種類のあやめと比較して早い段階で同じクラスターになっていますが，単に今回のサンプルにおいて同じ種類のあやめが他の種類のあやめと比較して類似していたという結果であって，あやめの種類ごとにサンプルを分けたわけではない点に注意しましょう．

PCA によりデータセットを可視化し，各サンプルに割り当てられたクラスターを確認してみましょう．まず，6.1 節の内容を思い出しながら PCA を行います．寄与率と累積寄与率の図を描画するまでサンプル Notebook のセルを実行しましょう．次に，主成分同士の散布図をクラスターごとにサンプル点の色を変えてプロットします．クラスターの数を決めたあとに，階層的クラスタリングの結果から各サンプルにクラスターを割り当てる関数は fcluster( ) です．たとえば number_of_clusters = 3 とあるセルを実行してクラスター数を 3 とした場合，cluster_numbers = fcluster (clustering_results, number_of_clusters, criterion = 'maxclust') とすることで，cluster_numbers という変数にサンプルごとのクラスター番号が格納されます．criterion ='maxclust' は指定したクラスター数でクラスターを分割することを意味します．以降の 6 つのセルを実行して，クラスターの割り当てからクラスター番号の保存までを行いましょう．さらに，次の 2 つの Code セルを実行して，クラスター番号でサンプル点を色付けした第 1 主成分と第 2 主成分の散布図が図 7-4 のようになることを確認しましょう．今回は，散布図において近い距離にあるサンプルが同じクラスターになっていますが，特に特徴量の数が多い場合には，特徴量の空間におけるサンプル間の距離と散布図上でのサンプル間の距離は異なるため，散布図上で近い距離にあるサンプルでも異なるクラスターである可能性があります．

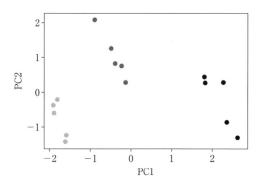

図 7-4 あやめのデータに関してクラスターの様子を PCA で可視化した例

　サンプル Notebook においてクラスターの数や主成分の組合せを変えて，クラスターの様子を確認してみましょう．

　本章で学習した内容を確認するため，仮想的な装置のデータセット（virtual_equipment.csv）を用いた練習問題がサンプル Notebook にあります．ぜひトライしてみましょう．

7.4　化学・化学工学での応用

　今回のクラスタリングは，たとえば材料の特性のデータセット，材料の実験条件のデータセット，スペクトル解析結果のデータセット，プラントにおけるセンサー測定値のデータセットに応用することで，それぞれ類似した特性をもつ材料ごと，類似した実験条件ごと，類似したスペクトルごと，類似したプロセス状態ごとにサンプルを集団化できます．集団化することで，たとえばデータセットの解釈やサンプル（群）の特徴の把握がしやすくなることなどが期待できます．皆さんの手元のデータでそのような事例がないか探し，実際にクラスタリングしてみましょう．

8

モデル y＝f(x) を構築して，
新たなサンプルの y を推定する

　第7章では，階層的クラスタリング（hierarchical clustering）によって，類似サンプルごとにグループ化ができるようになりました．本章では，前章のクラスタリング（clustering）と日本語では名前は似ていますがまったく異なるクラス分類（classification）や，回帰分析（regression analysis）を扱います．データセットの特徴量を，目的変数（分子・材料の物性・特性・活性や製品品質など）y と説明変数（数値データの特徴量）x に分け，x から y を推定するモデル y＝f(x) を構築します．y が連続値のとき回帰分析，y がカテゴリー（離散）のときクラス分類です．

　なお本章には，データ解析・機械学習の鍵となる重要な内容を含むため，ほかの章と比べて分量が多いです．そのため一気に読み進めるのは難しいかもしれませんが，各節や特に8.7節では各項をコンパクトにまとめ，サンプルプログラムもそれぞれごとに分け，取り組みやすい工夫をしています．本章をマスターすれば，"まえがき"にあるような分子設計，材料設計，プロセス管理ができるようになります．ぜひ，あきらめずにトライしていただけたらと思います．

8.1　クラス分類（クラス分類とクラスタリングとの違い，教師あり学習と教師なし学習）

　クラス分類の目的は，クラス（class）が不明なサンプルに対して，そのサンプルのクラスを特徴量から推定することです．class を辞書で引くと"分野，類，部類，種類"と出てきます．これまでのあやめのデータセットを例にすれば，あやめの種類がクラス（ラベル）で，クラスが不明なサンプルがあったときに，そのサンプルがどのクラス（種類）なのかを，がく片や花弁の特徴量から推定するのがクラ

ス分類です．まず，クラスが既知のサンプルからなるデータセット（サンプルの特徴量とクラスのラベル両方）を用いてクラス分類モデルを構築します．クラスが未知のサンプルに関して，その特徴量の値をクラス分類モデルに入力することで，そのサンプルのクラスの推定結果が出力されます．クラス分類のように正解の情報（クラスのラベル．あやめの例では，あやめの種類）を用いて，既知のサンプルのクラスと特徴量の関係を学習することを教師あり学習（supervised learning）と呼びます．8.3 節の回帰分析でも教師あり学習が行われます．

クラスタリングの目的は，類似したサンプルごとにグループ化することです．あやめのデータセットにおいて，あやめの種類は既知であり，結果としてあやめの種類ごとにグループ化されていましたが，必ずしもそうなるわけではありません．クラスタリングでは，あやめの種類といったクラスの情報（分類する問題における正解の情報）はないものとして，がく片や花弁の特徴量に基づくサンプル間の類似度のみから集団を生成しました．前章のクラスタリングや 6.1 節の主成分分析，6.2 節の t-SNE のように，正解の情報を用いずに（クラスラベルを与えずに）学習することを教師なし学習（unsupervised learning）と呼びます．

8.2　*k*-NN によるクラス分類とクラス分類モデルの推定性能の評価

クラス分類について理解し，クラス分類の基本的な手法の 1 つである *k* 近傍法あるいは *k* 最近傍法（*k*-Nearest Neighbors algorithm, *k*-NN）によってクラス分類するモデルを構築します．そして，新しいサンプルがどのクラスに属するかをモデルにより推定し，モデルの推定性能を評価することを目標とします．

サンプル Notebook は sample_program_8_2.ipynb です．あやめのデータセットにおける特徴量の数値データのみの変数 x や あやめの種類の変数 y を準備するまで，Code セルを実行しましょう．

8.2.1　*k*-NN によるクラス分類

k-NN は，あるサンプルのクラスを推定するときに，そのサンプルの最近傍である *k* 個のクラス既知のサンプルのクラスラベルに関して多数決をとり，クラスを決定する方法です．図 8-1 に *k*-NN の概念図を示します．図 8-1 では *k*=3 としています．①の星型のサンプルのクラスが A なのか B なのかを推定したいときには，

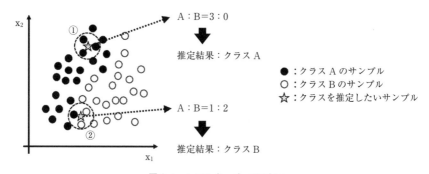

図 8-1 *k*-NN（*k*=3）の概念図

最も近い 3 個のサンプルを調べます．3 個ともクラス A のサンプルであるため，推定結果はクラス A になります．②の星型のサンプルでも同様にして最も近い 3 個のサンプルを調べると，1 個がクラス A のサンプルであり，2 個がクラス B のサンプルです．多数決により，クラス B が推定結果となります．特徴量の値が類似したサンプル同士が同じクラスとなる傾向があれば，*k*-NN はクラス分類の方法として妥当といえます．

k-NN では，一般にサンプル間の距離が小さいほどそれらのサンプルは近傍にあるとします．このときに用いる距離としては，7.2 節で紹介したユークリッド距離やマンハッタン距離があります．詳しくは 7.2 節を参照してください．

クラスが未知のサンプルに対してそのクラスを推定する前に，*k* の値を決める必要があります．*k*=3,5,7 が用いられることが多いです．*k*-NN の推定性能が高くなるように *k* を最適化する手法については 8.6 節で扱います．

サンプル Notebook を用いて *k*-NN を実行する前に，クラス分類結果を評価する方法を次の項で説明します．

8.2.2 クラス分類モデルの推定性能の評価

k-NN をはじめとしたクラス分類手法の目的は，クラスが不明なサンプルに対して，そのクラスを正確に推定することです．その目的をどのくらい達成できるのか，つまりどの程度の正確さ（精度）で新しいサンプルのクラスを推定できるのか，事前に検証します．

クラス分類モデルを構築するためのサンプルをトレーニングデータ，モデルの推定性能を検証するためのサンプルをテストデータと呼び，データセットのサンプル

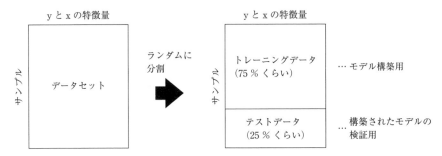

図 8-2 データセットの，トレーニングデータとテストデータへの分割

を最初にトレーニングデータとテストデータに分割します（図 8-2）．分割の仕方として，ランダムに分割することが多いです．トレーニングデータのサンプル数とテストデータのサンプル数の比については特に定められてはいませんが，トレーニングデータ 75 %，テストデータ 25 % 程度が目安となります．各クラスのサンプル数が十分に大きいときには問題はありませんが，あるクラスのサンプルが少ないと，極端な場合にはテストデータにそのクラスのサンプルがまったく含まれないといったように，クラスごとのサンプルの割合がトレーニングデータとテストデータとで異なることが問題になります．この問題を避けるためには，クラスごとにサンプルをトレーニングデータとテストデータに分割し，最後にトレーニングデータやテストデータとして統合することが有効です．

　トレーニングデータのクラスは既知とし，特徴量とクラスの関係をはじめに学習します．学習により構築されたクラス分類モデルを用いて，テストデータの特徴量からクラスを推定し，実際の（正解の）クラスを用いて構築されたモデルの推定性能を検証します．トレーニングデータのクラスをいくら正確に推定できても，テストデータのクラスをまったく推定できなければ意味がありません．たとえば k-NN において $k=1$ とすれば，サンプル自身のクラスが推定結果になるため，トレーニングデータにおけるすべてのサンプルのクラスを正確に推定できますが，テストデータのサンプルのクラスを適切に推定できるとは限りません．テストデータを用いてモデルの推定性能を検証する必要があります．なお，モデルがトレーニングデータのサンプルに過度に適合することでそのサンプルは正確に推定できる一方で，新しいサンプルに対する推定性能が低くなってしまうことをモデルのオーバーフィッティング（overfitting，過学習や過適合）と呼び，モデル構築のときに注意すべき問題の 1 つです．

表 8-1　混同行列の例（あやめの種類）

		推定されたクラス		
		setosa	versicolor	virginica
実際のクラス	setosa	18	0	0
	versicolor	0	14	3
	virginica	0	1	14

表 8-2　クラス分類の混同行列

		推定されたクラス	
		Positive	Negative
実際のクラス	Positive	True Positive（TP）	False Negative（FN）
	Negative	False Positive（FP）	True Negative（TN）

　検証を効率的に行うため，混同行列と呼ばれるクラス分類の結果をまとめた表を作成します．表 8-1 が混同行列の例です．あるクラスのサンプル群に対して，何個のサンプルが正しいクラスとして推定されたか，何個が誤ったクラスとして推定されたかがまとまっています．たとえば，実際のクラスが versicolor である 17 個のサンプルにおいて，14 個は正しく versicolor として推定されていますが，3 個は誤って virginica と推定されています．混同行列を見ることでクラス分類モデルの推定結果の概要を確認できます．

　クラス分類モデルの推定結果を定量的に評価するための 1 つの指標として正解率があります．正解率は，正しく分類されたサンプル数を，全サンプル数で割ることで計算されます．表 8-1 の正解率は，$(18+14+14)/(18+14+14+1+3)=0.92$ です．

　特に，Positive，Negative のような 2 つのクラスを分類する問題の混同行列は表 8-2 のようになります．True Positive（TP，真陽性）や True Negative（TN，真陰性）の数が大きく，False Negative（FN，偽陰性）や False Positive（FP，偽陽性）の数が小さくなるようなクラス分類モデルを目指すことはもちろんですが，FN か FP のどちらを優先的に小さくするかは，クラス分類モデルの使用目的によって変わるため注意しましょう．たとえば，内視鏡検査画像から胃がんを診断することを目的とした，がん病変（Positive）かそうでない（Negative）かを推定する 2 クラス分類モデルでは，FP での正常にも関わらずがん病変と診断されてしまう患者が多くなっても，FN でのがん病変の見逃しを減らすことを目指します．医薬品設計において活性をもつと考えられる化学構造を判定することを目的とした，活性あり

（Positive）か活性なし（Negative）かを推定する 2 クラス分類モデルは，多数の化学構造のスクリーニングに用いられるため，FN での活性をもつ化学構造の取りこぼしが多くなっても，FP での合成してみたら実際は活性がなかったということを減らすほうが望ましいという判断がなされます．

　正解率だけを見てクラス分類モデルの良し悪しを判断するのではなく，FN が多いのか FP が多いのか，目的に合わせた推定能力をもつクラス分類モデルを構築することが肝要です．クラスの数が 3 以上の場合でも同様に，正解率だけを見るのではなく，混同行列を確認して，クラス分類モデルの目的と照らし合わせながらモデルの評価をしましょう．

8.2.3　*k*-NN によるクラス分類の実行

　トレーニングデータとテストデータの分割や *k*-NN によるクラス分類を，scikit-learn（6.1 節参照）を用いて行います．まず，from sklearn.model_selection import train_test_split として，データセットを分割する関数を取り込みます．本節最初の Code セルを実行しましょう．データを分割するための関数は train_test_split( ) です．最初と 2 番目の引数を，それぞれデータセットの特徴行列とクラスラベルの変数（ベクトル）とし，さらに test_size にテストデータのサンプル数を，shuffle にランダムに分割するか（True）否か（False）を設定することで，トレーニングデータとテストデータに分割できます．サンプル Notebook の x_train, x_test, y_train, y_test = train_test_split(x,y,test_size = 50, stratify = y, shuffle = True, random_state = 3) と書かれたセルを実行することで，テストデータのサンプル数を 50 としてデータセットをランダムに分割し，以下の変数に結果を格納します．

　✓　x_train：トレーニングデータの特徴量のデータセット
　✓　x_test：テストデータの特徴量のデータセット
　✓　y_train：トレーニングデータのクラスラベル
　✓　y_test：テストデータのクラスラベル

stratify を y とすることで，y のクラスごとにサンプルをトレーニングデータとテストデータに分割し，最後にトレーニングデータやテストデータとして統合します．これによりトレーニングデータとテストデータにおける各クラスの割合が均等になります．random_state を設定しないと，train_test_split( ) を実行するたびにトレーニングデータとテストデータの分割結果が変わってしまいますが，

random_state を適当な数字で設定することで分割結果の再現性を担保できます.
トレーニングデータとテストデータをランダムに分割したい一方で, 別の解析でも
同じトレーニングデータとテストデータのサンプルを用いたいときは, train_
test_split(　) を実行するときに random_state の数字を合わせましょう. また,
shuffle = False とすると, 下から test_size の数のサンプルがテストデータに,
残りのサンプルがトレーニングデータになります. 時系列データにおいて, 時間的
に古いサンプルをトレーニングデータとして, 新しいサンプルのテストデータをど
の程度の精度で推定できるのかを検証したいときなどに利用します. あやめのデー
タセットでは, setosa, versicolor, virginica のあやめが 50 個ずつ上から順番に並
んでおり, shuffle = False とするとトレーニングデータの各クラスのサンプル数
に偏りが生じてしまうため, shuffle = True としてランダムにトレーニングデー
タとテストデータに分割しました.

　次の 4 つの Code セルを実行して, x_train が 100×4 の行列に, x_test が
50×4 の行列に, y_train が要素数 100 のベクトルに, y_test が要素数 50 のベク
トルになったことを確認しましょう.

　トレーニングデータとテストデータの特徴量を標準化 (5.1 節参照) します. 標
準化はデータセットの分割後に行います. 機械学習の手法の中にはトレーニング
データの特徴量が標準化されていることを前提としている手法があり, トレーニン
グデータとテストデータの分割前に標準化をすると, 標準化後に分割したときに,
トレーニングデータにおける特徴量の平均値および標準偏差がそれぞれ 0, 1 ではな
くなってしまうためです. トレーニングデータの特徴量の標準化は 5.1 節と同様に
行いますが, テストデータのスケールをトレーニングデータと同じスケールにする
必要があるため, テストデータの特徴量の標準化にはトレーニングデータの平均値
と標準偏差を用いることに注意しましょう. トレーニングデータの平均値を引いた
あと, トレーニングデータの標準偏差で割ります. なお, テストデータにおける特
徴量の平均値や標準偏差は, それぞれ必ずしも 0 や 1 にはなりません.

　次の 2 つの Code セルを実行して, トレーニングデータとテストデータそれぞれ
の特徴量の標準化を行いましょう. さらに, 次の 4 つのセルを実行することで, ト
レーニングデータにおける特徴量の平均値と標準偏差がそれぞれ 0 や 1 になる一方
で, テストデータにおける特徴量の平均値と標準偏差はそれぞれ 0 や 1 にはならな
いことを確認してください.

　k-NN によるクラス分類を実行するためのライブラリを from sklearn.

neighbors import KNeighborsClassifier として取り込みます．次の Code セルを
実行しましょう．さらに次のセルを実行して，*k* の値を 5 とします．*k*-NN による
クラス分類を実行したり結果を格納したりするための変数 model を準備します．
model = KNeighborsClassifier(n_neighbors = k_in_knn, metric ='euclidean')
と書かれたセルを実行しましょう．n_neighbors には *k*-NN の *k* の値を，metric
にはどの距離を用いるかを設定します．metric の設定の一例は以下のとおりです．

   ✓ 'euclidean'：ユークリッド距離

   ✓ 'manhattan'：マンハッタン距離

第 7 章のクラスタリングのときの metric とは異なることに注意してください．そ
の他の距離についてはこちらのウェブサイト[32] をご覧ください．

  model.fit(autoscaled_x_train, y_train) と書かれたセルを実行することで，
トレーニングデータの特徴量のデータセットとクラスラベルを使ってクラス分類モ
デルを構築します．model.predict(autoscaled_x_train) と書かれたセルを実行
することにより，構築されたモデルを用いて autoscaled_x_train で与えるサンプ
ル群のクラスを推定し，結果を表示できます．以降の 5 つのセルで，推定結果の
DataFrame 型への変換や csv ファイルへの保存等を行います．各セルの説明を読
みながら実行しましょう．

  混同行列の作成や正解率の計算を行うライブラリを，from sklearn import
metrics として取り込みます．次の Code セルを実行しましょう．set(y_train)
と書かれたセルを実行することで，y_train において重複しない要素を抽出でき，
これを混同行列におけるクラスの名前として使用します．以降の 3 つのセルを実行
することで，アルファベット順に並び替えたクラスの名前を，class_types という変
数に格納しましょう．metrics.confusion_matrix(y_train, estimated_y_train,
labels = class_types) と書かれたセルを実行することで，トレーニングデータの
推定結果の混同行列を表示しましょう．混同行列にはクラスの名前が表示されてい
ません．以降の 4 つのセルで，混同行列の DataFrame 型への変換，クラスの名前の
設定，csv ファイルへの保存を行います．各セルの説明を読みながら実行しましょ
う．metrics.accuracy_score(y_train, estimated_y_train) と書かれたセルを
実行することで，トレーニングデータの推定結果の正解率を計算し，表示できます．

  ここまではトレーニングデータを用いて，各サンプルのクラスの推定，混同行列
の作成，正解率の計算を実行しました．以降のセルではテストデータで同様の計算
を実施します．各セルの説明を読みながら実行しましょう．テストデータの推定結

果の混同行列が，表 8-1 と同じになったでしょうか？　正解率が 0.92 になること
も確認しましょう．さらに，k の値を変えて，それぞれのクラス分類モデルの推定
性能を評価してみましょう．

　本節で学習した内容を確認するため，仮想的な装置のデータセット（virtual_
equipment.csv）を用いた練習問題がサンプル Notebook（sample_program_8_2.
ipynb）にあります．ぜひトライしてみましょう．

8.3　回帰分析

　クラス分類は，クラスのラベルが既知のサンプルからなるデータセットを用い
て，未知のサンプルの数値データの特徴量（説明変数）からそのサンプルのクラス
（目的変数）を推定するモデルである，クラス分類モデルを構築します．クラス分
類モデルを用いることで，目的変数が不明なサンプルに対して，そのサンプルのク
ラスを説明変数から推定できます．クラス分類では，目的変数がカテゴリー変数で
あり，質的データを表していました．クラス分類における目的変数を連続値の変数
（量的データ）にしたものが回帰（regression）です．回帰分析とは，説明変数 x
によって目的変数 y を回帰モデル y＝f(x) の形でどのくらい説明できるかを定量
的に分析することであり，回帰モデルの目的は y の値が不明なサンプルに対して，
x から y の値を精度よく推定することです．

8.4　*k*-NN や最小二乗法による回帰分析と回帰モデルの
　　　推定性能の評価

　8.2 節では，教師あり学習の 1 つであるクラス分類を用いて，k-NN による新し
い未知のサンプルのクラスの推定およびクラス分類モデルの推定性能の評価を行い
ました．本節では，同じ教師あり学習の 1 つである回帰を扱います．回帰について
理解し，k-NN や最小二乗（Ordinary Least Squares, OLS）法による線形重回帰分
析によって新しいサンプルの目的変数の値を推定することで，回帰モデルの推定性
能の評価を行うことを目標とします．

　サンプル Notebook は sample_program_8_4.ipynb です．今回は沸点が測定され
た化合物のデータセット[2] を用います．294 個の化合物について，沸点が測定され
ており，化学構造を記述するために数値化された特徴量が 8 つあります．8 つの特

徴量は以下のとおりです．

1) MolWt：分子量
2) HeavyAtomMolWt：水素原子以外の原子で計算された分子量
3) NumValenceElectrons：各原子の価電子数の和
4) HeavyAtomCount：水素原子以外の原子の数
5) NOCount：窒素原子と酸素原子の数
6) NumHeteroatoms：水素原子と炭素原子以外の原子の数
7) NumRotatableBonds：回転可能な結合の数
8) RingCount：環の数

データセットのファイル名は descriptors_8_with_boiling_point.csv です．このファイルをサンプル Notebook と同じフォルダ（ディレクトリ）に置いてください．

　サンプル Notebook において，沸点のデータセットにおける化学構造の特徴量の変数 x や沸点の変数 y を準備するまで，Code セルを実行しましょう．

8.4.1　*k*-NN を使った回帰分析

　8.2 節では *k*-NN をクラス分類に使いましたが，回帰分析にも応用できます．あるサンプルの y の値を推定するとき，そのサンプルに最も距離の近い既知の *k* 個のサンプルの y の平均値を計算し，それを y の推定値とします．推定値が平均値で与えられるため，推定値がもとデータの y の最大値を上回ったり，y の最小値を下回ったりすることはありません．サンプル間の距離や *k* の値についてはクラス分類のときと同様です．

8.4.2　OLS 法を使った回帰分析

　線形回帰分析では，回帰モデル y＝ƒ(x) の構造として，y の推定値が x の線形結合で与えられる，すなわち各説明変数を $x_1, x_2, \cdots, x_m$（*m* は x の特徴量の数）として $y＝b_0＋b_1x_1＋b_2x_2＋\cdots＋b_mx_m$ でモデルが与えられる，と仮定します．$b_1, b_2, \cdots, b_m$ は回帰係数と呼ばれ，b_0 は定数項です．$m＝1$ のときが線形単回帰分析，$m＞1$ のときが線形重回帰分析です．

　回帰係数を決める方法である線形回帰分析手法には，決め方の違いによってさまざまな方法があります．代表的な手法の１つが OLS 法です．OLS 法では，トレーニングデータ（8.2.2 項参照）における y の実測値と推定値との差の二乗和が最小となる，すなわち，トレーニングデータの y の値を精度よく推定できるように回

帰係数と定数項を決定します. たとえば, x が 2 つの特徴量 x_1, x_2 の場合 $(m=2)$ を例に OLS 法の計算方法を説明します. y の実際の値とモデルによって計算された値との間の誤差 f を考慮すると, y, x_1, x_2 との間の関係は以下の式で表されます.

$$y = b_0 + x_1 b_1 + x_2 b_2 + f \tag{8.1}$$

y, x_1, x_2 それぞれ特徴量の標準化 (5.1 節参照) をすると, それぞれの平均値は 0 となるため, 線形回帰モデルの定数項 b_0 (y 切片) は 0 となります. また, 標準化を行ったあとに計算される回帰係数のことを標準回帰係数と呼びます.

サンプル数を n として, 各サンプルを式(8.1) に代入すると以下のようになります.

$$\begin{aligned}
y^{(1)} &= x_1^{(1)} b_1 + x_2^{(1)} b_2 + f^{(1)} \\
y^{(2)} &= x_1^{(2)} b_1 + x_2^{(2)} b_2 + f^{(2)} \\
&\vdots \\
y^{(n)} &= x_1^{(n)} b_1 + x_2^{(n)} b_2 + f^{(n)}
\end{aligned} \tag{8.2}$$

ここで $y^{(i)}, f^{(i)}$ は i 番目のサンプルにおけるそれぞれ y の値, 誤差の値であり, $x_j^{(i)}$ は i 番目のサンプルにおける j 番目の x の値です.

OLS 法では $f^{(i)}$ の二乗和が最小となるように b_1, b_2 を求めます. $f^{(i)}$ の二乗和を G とすると, 式(8.2) より G は以下のように変形できます.

$$\begin{aligned}
G &= \sum_{i=1}^{n} (f^{(i)})^2 \\
&= \sum_{i=1}^{n} (y^{(i)} - x_1^{(i)} b_1 - x_2^{(i)} b_2)^2
\end{aligned} \tag{8.3}$$

G が最小となるためには G が極小となる必要があるため, 以下のように G を b_1, b_2 で偏微分[20] したものを 0 とします.

$$\begin{cases}
\dfrac{\partial G}{\partial b_1} = -2 \sum_{i=1}^{n} x_1^{(i)} (y^{(i)} - x_1^{(i)} b_1 - x_2^{(i)} b_2) = 0 \\
\dfrac{\partial G}{\partial b_2} = -2 \sum_{i=1}^{n} x_2^{(i)} (y^{(i)} - x_1^{(i)} b_1 - x_2^{(i)} b_2) = 0
\end{cases} \tag{8.4}$$

整理すると以下の式になります.

$$\begin{cases}
\sum_{i=1}^{n} x_1^{(i)} (x_1^{(i)} b_1 + x_2^{(i)} b_2) = \sum_{i=1}^{n} x_1^{(i)} y^{(i)} \\
\sum_{i=1}^{n} x_2^{(i)} (x_1^{(i)} b_1 + x_2^{(i)} b_2) = \sum_{i=1}^{n} x_2^{(i)} y^{(i)}
\end{cases} \tag{8.5}$$

式(8.5) を行列で表現すると以下のようになります.

$$\begin{bmatrix} x_1^{(1)} & x_1^{(2)} & \cdots & x_1^{(n)} \\ x_2^{(1)} & x_2^{(2)} & \cdots & x_2^{(n)} \end{bmatrix} \begin{bmatrix} x_1^{(1)} & x_2^{(1)} \\ x_1^{(2)} & x_2^{(2)} \\ \vdots & \vdots \\ x_1^{(n)} & x_2^{(n)} \end{bmatrix} \begin{bmatrix} b_1 \\ b_2 \end{bmatrix} = \begin{bmatrix} x_1^{(1)} & x_1^{(2)} & \cdots & x_1^{(n)} \\ x_2^{(1)} & x_2^{(2)} & \cdots & x_2^{(n)} \end{bmatrix} \begin{bmatrix} y^{(1)} \\ y^{(2)} \\ \vdots \\ y^{(n)} \end{bmatrix} \qquad (8.6)$$

$$\mathbf{X}^{\mathrm{T}}\mathbf{X}\mathbf{b} = \mathbf{X}^{\mathrm{T}}\mathbf{y} \qquad (8.7)$$

ここで $\mathbf{X}, \mathbf{y}, \mathbf{b}$ は以下のとおりです．

$$\mathbf{X} = \begin{bmatrix} x_1^{(1)} & x_2^{(1)} \\ x_1^{(2)} & x_2^{(2)} \\ \vdots & \vdots \\ x_1^{(n)} & x_2^{(n)} \end{bmatrix}, \quad \mathbf{y} = \begin{bmatrix} y^{(1)} \\ y^{(2)} \\ \vdots \\ y^{(n)} \end{bmatrix}, \quad \mathbf{b} = \begin{bmatrix} b_1 \\ b_2 \end{bmatrix} \qquad (8.8)$$

式(8.7) の両辺に左から $\mathbf{X}^{\mathrm{T}}\mathbf{X}$ の逆行列 $(\mathbf{X}^{\mathrm{T}}\mathbf{X})^{-1}$ を掛けると（逆行列が存在しない場合の対応は8.5節で扱います），

$$(\mathbf{X}^{\mathrm{T}}\mathbf{X})^{-1}\mathbf{X}^{\mathrm{T}}\mathbf{X}\mathbf{b} = (\mathbf{X}^{\mathrm{T}}\mathbf{X})^{-1}\mathbf{X}^{\mathrm{T}}\mathbf{y}$$
$$\mathbf{b} = (\mathbf{X}^{\mathrm{T}}\mathbf{X})^{-1}\mathbf{X}^{\mathrm{T}}\mathbf{y} \qquad (8.9)$$

となり，トレーニングデータの $\mathbf{X}, \mathbf{y}$ から $\mathbf{b} = (b_1, b_2)$ を計算できます．逆行列や式 (8.9) の変形の詳細についてはこちらのウェブサイト[20]をご覧ください．x の特徴量の数が3以上の場合でも，式(8.8) の $\mathbf{X}$ の特徴量を増やすことで，同様に式 (8.9) を用いて $\mathbf{b}$ を計算できます．

8.4.3　回帰モデルの推定性能の評価

　トレーニングデータやテストデータのサンプルに対して，回帰モデルで y の値を推定したあとに，y の実測値と推定値との間でサンプルをプロットします．図8-3

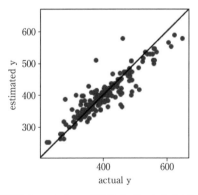

図8-3　実測値（actual y）vs. 推定値（estimated y）プロットの例

が実測値 vs. 推定値プロットの例です. 対角線に近いサンプルほど, 実測値と推定値との誤差が小さく, 良好に y の値を推定できたといえます. 実測値 vs. 推定値プロットにより, 対角線から外れた y の誤差の大きいサンプルや y の値によって誤差の偏り (バイアス) があることなどを確認できます. たとえば, 図 8-3 では y の実測値が大きいところでは実測値より小さく推定される傾向にあります.

回帰モデルの推定結果を定量的に評価するための 1 つの指標として, 決定係数 r^2 があります. r^2 の定義はいくつかありますが, 一般的な r^2 は以下の式で計算できます.

$$r^2 = \frac{\displaystyle\sum_{i=1}^{n}(y^{(i)}-\bar{y})^2 - \sum_{i=1}^{n}(y^{(i)}-y_{\mathrm{EST}}^{(i)})^2}{\displaystyle\sum_{i=1}^{n}(y^{(i)}-\bar{y})^2}$$

$$= 1 - \frac{\displaystyle\sum_{i=1}^{n}(y^{(i)}-y_{\mathrm{EST}}^{(i)})^2}{\displaystyle\sum_{i=1}^{n}(y^{(i)}-\bar{y})^2}$$

(8.10)

ここで, $y_{\mathrm{EST}}^{(i)}$ は i 番目のサンプルの y の推定値, $\bar{y}$ は y の実測値の平均値です. 式 (8.10) の変形前における分母は y の分散, 分子は y の分散から誤差の二乗和を引いたものであり, r^2 は y の推定値によって説明された y の分散の割合を表します. たとえば $r^2 = 0.8$ のとき, y の実測値のばらつきの 80 % を推定値によって説明できたといえます. y の誤差 $(y^{(i)}-y_{\mathrm{EST}}^{(i)})$ が小さいほど, r^2 は 1 に近づき, 回帰モデルが精度よく y の値を推定できています.

回帰モデルを決定係数によって比較する場合, 同じデータセットで計算された r^2 で比較しましょう. 式 (8.10) における右辺の第 2 項の分母は y の実測値の分散にサンプル数をかけたものであり, r^2 は y の分散に依存します. 同じデータセットで計算された r^2 であれば値の比較に意味があり, 値が大きいほど推定精度の高い回帰モデルといえますが, 異なるデータセットで計算された r^2 の値の比較には意味はありません. r^2 の値を比較するのは, 同じデータセットで計算された値のみにしましょう.

y の推定誤差を評価するための指標には, Mean Absolute Error (MAE) や Root-Mean-Squared Error (RMSE) などがあります. 本書では MAE を扱います. MAE は y の誤差の絶対値の平均値であり, 以下の式で計算できます.

$$MAE = \frac{\sum_{i=1}^{n} |y^{(i)} - y_{\text{EST}}^{(i)}|}{n} \tag{8.11}$$

MAE が 0 に近いほど，回帰モデルが精度よく y の値を推定できていることになります．

r^2 や MAE のような指標の数値だけを見て回帰モデルの良し悪しを判断してしまうと，特に誤差の大きいサンプルがあるかどうか，誤差のバイアスがあるかどうかがわかりません．たとえば，y の値の大きなサンプルを特に精度よく推定したいにもかかわらず，y の値が大きいサンプルにおいて誤差が大きいモデルが選択されてしまう可能性があります．必ず y の実測値 vs. 推定値プロットを確認して回帰モデルの推定結果を評価しましょう．

8.2 節のクラス分類と同様に，回帰でもトレーニングデータでモデルを構築した後に，テストデータ（8.2.2 項参照）でモデルの推定性能を検証します．

8.4.4 *k*-NN, OLS 法による回帰分析の実行

サンプル Notebook における本項の最初の 9 つの Code セルを実行して，8.2 節と同様にトレーニングデータとテストデータとに分割し，トレーニングデータおよびテストデータの特徴量の標準化をしましょう．x と同様にして y も標準化します．

k-NN や OLS 法の実行および r^2 や MAE の計算には，scikit-learn（6.1 節参照）を使用します．*k*-NN による回帰分析を実行するためのライブラリを from sklearn.neighbors import KNeighborsRegressor として取り込みます．次の Code セルを実行しましょう．さらに，次のセルを実行して，*k* の値を 5 とします．*k*-NN による回帰の実行や結果の格納を行うための変数 model を準備します．model = KNeighborsRegressor(n_neighbors = k_in_knn, metric = 'euclidean') と書かれたセルを実行しましょう．n_neighbors, metric に関しては 8.2 節の KNeighbors Classifier と同じです．

model.fit(autoscaled_x_train, autoscaled_y_train) と書かれたセルを実行することで，トレーニングデータにおける x と y の間で回帰モデルを構築します．model.predict(autoscaled_x_train) と書かれたセルを実行することにより，構築されたモデルを用いて autoscaled_x_train の変数におけるサンプルの y の値を推定し，結果を表示できます．この推定値のスケール（大きさ）は，特徴量の標準化後の y のスケールと同じであることに注意しましょう．トレーニングデータ

の y の標準偏差を掛けてから平均値を足すことで，スケールをもとに戻す必要があります．以降の 6 つのセルで，推定結果の DataFrame 型への変換，y の推定値のスケールの変換，csv ファイルへの保存などを行います．各セルの説明を読みながら実行しましょう．

次の Code セルを実行して実測値と推定値の散布図の描画に必要なライブラリを読み込み，次のセルで実測値 vs. 推定値プロットを作成します．セルの説明を読みながら実行しましょう．実測値 vs. 推定値プロットが図 8-3 と同じになることを確認しましょう．

r^2 や MAE を計算したりするためのライブラリを，from sklearn import metrics として取り込みます．次の Code セルを実行しましょう．metrics.r2_score(y_train, estimated_y_train) と書かれたセルを実行することでトレーニングデータにおける推定結果の r^2 を，metrics.mean_absolute_error(y_train, estimated_y_train) と書かれたセルを実行することでトレーニングデータにおける推定結果の MAE を計算し，表示できます．r^2，MAE の値がそれぞれおよそ 0.824，21.3 になることを確認しましょう．

次の 10 個の Code セルで，テストデータを用いた y の値の推定，推定結果の確認を，トレーニングデータと同様の手順で行います．セルの説明を読みながら実行しましょう．

OLS 法を実行するためのライブラリを，from sklearn.linear_model import LinearRegression として取り込みます．次の Code セルを実行しましょう．さらに，次のセルを実行して，OLS 法の実行や結果の格納を行う変数 model を準備します．model = LinearRegression() と書かれたセルを実行しましょう．ここまでは *k*-NN と OLS 法で異なりますが，以降のセルにおいて OLS 法で標準回帰係数を確認・保存する部分以外は，*k*-NN と OLS 法とでまったく同じです．セルの説明を読みながら実行しましょう．

model.coef_ と書かれたセルを実行すると，OLS 法における標準回帰係数を表示できます．さらに，次の 5 つのセルで DataFrame 型への変換や csv ファイルへの保存などを行います．各セルの説明を読みながら実行しましょう．たとえば，HeavyAtomMolWt（水素原子以外の原子で計算された分子量）の標準回帰係数が負に大きい値となっています．水素原子以外で計算された分子量の大きな化合物は沸点が低く推定されるということです．分子量の大きな化合物は沸点が高い傾向がある，という知見と一致しません．この標準回帰係数に関する考察は次節に詳しく

行います．

テストデータを用いたときの *k*-NN モデルと OLS 法モデルの推定性能を検証しましょう．OLS 法と比べて *k*-NN のほうが精度よく y の値を推定できていますね．*k*-NN では *k* の値を変えて，それぞれの回帰モデルの推定性能を評価してみましょう．万能な回帰分析手法・回帰モデルがあるわけではなく，回帰モデルの推定性能はデータセットによって変わります．回帰モデルを構築する場合は，今回のようにテストデータでモデルの推定性能を評価して，適した回帰分析手法を選択するようにしましょう．

サンプル Notebook には，仮想的な樹脂材料のデータセット用いて，*k*-NN や OLS により回帰モデルを構築し，物性が未知のサンプルに対して物性推定を行う練習問題があります．ぜひトライしてみましょう．

8.5 モデルの推定性能を低下させる要因とその解決手法（PLS）

8.4 節では，教師あり学習の 1 つである回帰（regression）を扱い，*k*-NN や OLS 法を用いた線形重回帰分析によって新しいサンプルの目的変数の値の推定や，回帰モデルの推定性能の評価ができるようになりました．今回は，モデルの推定性能を低下させる要因であるオーバーフィッティング（overfitting, 過学習もしくは過適合）や共線性（collinearity）・多重共線性（multicollinearity）について取り上げます．これらの問題と，その有効な解決手法の一つである部分的最小二乗（Partial Least Squares, PLS）法について理解し，PLS 法を用いて回帰分析できるようになることを目標とします．

サンプル Notebook は sample_program_8_5.ipynb です．今回も 8.4 節と同様の沸点が測定された化合物のデータセット[17] を用います．沸点のデータセットをトレーニングデータとテストデータに分割して，特徴量の標準化をするまで，Code セルを実行しましょう．

8.5.1 オーバーフィッティング

8.2 節や 8.4 節において，それぞれクラス分類モデルや回帰モデルを構築しました．実際の課題においてそのようなモデルを構築するときには，モデルのオーバーフィッティングと呼ばれる，モデルの推定性能を低下させる問題に注意する必要があります．

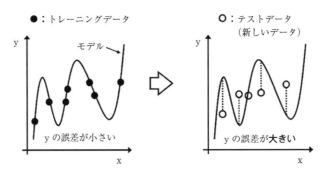

図8-4　オーバーフィッティングの概念図

　モデル構築の目的は，目的変数 y と説明変数 x との間の本来の関係を的確に表現することです．しかし，トレーニングデータにモデルが過度に適合する，つまり y と x の間の本来の関係とは関わりのないノイズなどにもモデルが適合すると，学習時の y の誤差が非常に小さいモデルが構築されますが，一方でトレーニングデータに含まれないデータの予測にモデルを適用したときに y の誤差が大きくなってしまいます（図8-4）．これをオーバーフィッティングと呼びます．たとえば，トレーニングデータに含まれる計量や測定などの実験的な誤差や個人のくせなどのノイズにもモデルが過度に適合することで，他の人が行う同じ実験に対する予測性が低下してしまうことを想像してください．8.2節や8.4節では，それぞれクラス分類モデルや回帰モデルの推定性能を，トレーニングデータだけでなくテストデータを用いて検証しました．トレーニングデータでは正解率が大きく誤差が小さかったモデルが，テストデータでは正解率が小さく誤差が大きくなった場合に考えられる要因の1つに，トレーニングデータに対するオーバーフィッティングが挙げられます．

　k-NN（8.2節や8.4節参照）では，y と x との間の，曲線的な関係のような非線形関係も表現できます．非線形回帰モデルは，たとえば OLS 法を用いた線形重回帰分析によって構築された線形回帰モデルよりも柔軟に y と x との関係をモデル化できる反面，オーバーフィットしやすい点に注意が必要です．OLS 法を用いた線形重回帰分析でも，たとえば x の数を非常に多くすれば，y の誤差が小さくなるように各 x に回帰係数の値が割り当てられることで，回帰の誤差を小さくできるようになりますが，一方でデータに含まれるノイズにもモデルが適合しやすくなり，オーバーフィットしやすくなります．

8.5.2　多 重 共 線 性

　線形モデルでもオーバーフィッティングが起こる要因の1つに共線性や多重共線性があります．これは，ある x が別の x と相関が強かったり，従属関係にあったりするような場合のことです．共線性や多重共線性によって生じるオーバーフィッティングについて確認するため，サンプル Notebook の該当部分を実行して，OLS法を用いた線形重回帰分析の回帰モデルについて標準回帰係数を確認しましょう．たとえば，HeavyAtomMolWt（水素原子以外の原子で計算された分子量）の標準回帰係数は，およそ-1.82と負に大きい値となります．これは，水素原子以外で計算された分子量が大きい化合物は沸点が低く推定されることを意味しており，分子量の大きな化合物は沸点が高い傾向がある，という知見と一致しません．

　サンプル Notebook によって x の相関行列（4.5節参照）を確認しましょう．図8-5が x の相関行列です．HeavyAtomMolWt の行を横に見ていくと，MolWt（分子量）と NumValenceElectrons（各原子の価電子数の和）とで高い相関係数があることがわかります．特に，MolWt との相関係数は1です．他の特徴量間でも，たと

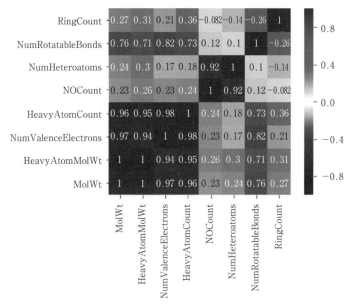

図 8-5　沸点のデータセットにおける x の相関行列

えば NOCount（窒素原子と酸素原子の数）と NumHeteroatoms（水素原子と炭素原子以外の原子の数）との間に高い相関が見てとれます．一方で，NumHeteroatoms, NumRotatableBonds（回転可能な結合の数），RingCount（環の数）の間のように，2 つの特徴量間の相関係数は 0.1，−0.14，−0.26 と絶対値は小さくても，3 つの特徴量間で，たとえば NumHeteroatoms と 3×NumRotatableBonds−2×RingCount の間で，高い相関をもつ可能性も排除できません（実際に NumHeteroatoms, NumRotatableBonds, RingCount の間にそのような関係があるわけではありません）．データセットにおける 2 つ以上の x 間の高い相関関係を多重共線性，特に 2 つの x 間の高い相関関係を共線性といい，どちらも標準回帰係数の値が不適切に正や負に大きくなってしまう原因の 1 つとなります．

仮に，MolWt と HeavyAtomMolWt との相関係数が 1 で完全な線形相関関係にあれば，MolWt の標準回帰係数が 2.05 で HeavyAtomMolWt の標準回帰係数が −1.82 のとき，2.05 MolWt −1.82 HeavyAtomMolWt＝0.23 MolWt＝0.23 HeavyAtomMolWt となり，MolWt もしくは HeavyAtomMolWt の 1 つだけで標準回帰係数が 2.05−1.82＝0.23 であるのと同じことです．相関係数の大きい 2 つの x があると，それぞれの x と y との間の本来の関係にかかわらず，一方の x の標準回帰係数を正に大きく，もう一方の標準回帰係数を負に大きくすることで，トレーニングデータにおける x と y との間の意味のない変動（ノイズ）にも合うように標準回帰係数が最適化されてしまいます（標準回帰係数が大きくなる別の例はこちらのウェブサイト[33]をご覧ください）．

8.5.3 PLS 法の基礎

これまでに多重共線性の回避やオーバーフィッティングの軽減に向け，さまざまな手法が開発されてきました．その 1 つが主成分回帰（Principal Component Regression, PCR）です（図 8-6(b)）．PCR とは，x に主成分分析（Principal Component Analysis, PCA）（6.1 節参照）を適用して得られた主成分と，y との間で OLS 法を用いた線形重回帰分析により回帰モデルを構築する手法です．6.1 節で確認したように，主成分間は無相関であるため共線性はありません．また，寄与率の小さい主成分は情報量が小さく，それらがデータセット内のノイズを表す成分であれば，寄与率の大きい主成分のみと y との間で回帰モデルを構築することで，ノイズのモデルに対する影響を減らし，オーバーフィッティングを軽減できます．さらに，OLS 法を用いた線形重回帰分析では，x の数がサンプルの数より大きかったり，x

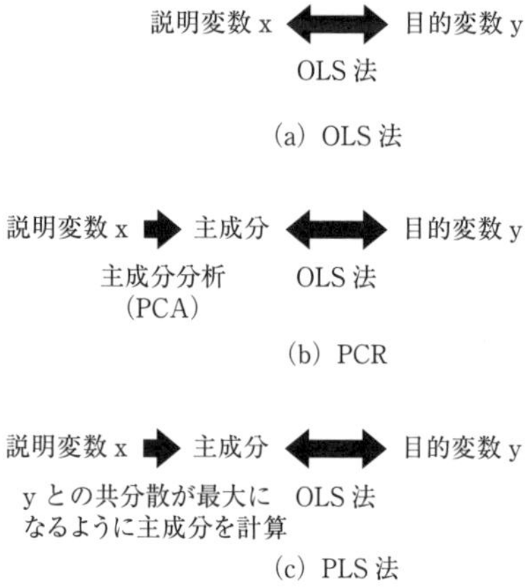

説明変数 x ⟷ 目的変数 y
OLS 法

(a) OLS 法

説明変数 x ➡ 主成分 ⟷ 目的変数 y
主成分分析　　OLS 法
（PCA）

(b) PCR

説明変数 x ➡ 主成分 ⟷ 目的変数 y
y との共分散が最大に　OLS 法
なるように主成分を計算

(c) PLS 法

図 8-6　OLS 法，PCR，PLS 法の違い

の中に従属関係があったりすると，標準回帰係数の式における逆行列（8.4.2 項における式(8.9)）が計算できず標準回帰係数を求められませんが，互いに無相関な，サンプル数より小さい数の主成分を x の代わりに用いることで，標準回帰係数を計算できるようになります．

　つまり，前処理の 1 つとして PCA を行うことで，以下のことが期待できます．

　　①　互いに無相関な主成分を用いることによる共線性の回避
　　②　情報量の大きい主成分のみを利用することによるノイズの影響を低減した
　　　　回帰モデル構築

②に関して，回帰モデルを構築する場合は，x 内の大きな情報量をもつ主成分よりも，y の情報をなるべく表現した主成分のほうが望ましいです．y を説明可能なより少ない数の主成分と y との間で回帰モデルを構築することで，データセット内のノイズの影響をより低減することができます．

　主成分と y との間の相関関係を考慮し，かつ主成分間の無相関性を維持する手法の 1 つが PLS 法[34]です（図 8-6(c)）．PCA では主成分軸の方向を主成分の分散が最大になるように決めていたのに対し，PLS 法では y と主成分との間の共分散（共分散については 4.5 節参照）が最大になるように主成分軸の方向が決められます．PCA によって計算される主成分と比較して，より y との相関の強い主成分の計算が可能になるため，少ない数の主成分による回帰モデルを構築できます．

　PLS 法の基本式は以下の式(8.12)，(8.13)です．

$$\mathbf{X} = \sum_{i=1}^{a} \mathbf{t}_i \mathbf{p}_i^{\mathrm{T}} + \mathbf{E} \tag{8.12}$$
$$= \mathbf{TP}^{\mathrm{T}} + \mathbf{E}$$

$$\mathbf{y} = \sum_{i=1}^{a} \mathbf{t}_i q_i + \mathbf{f} \tag{8.13}$$
$$= \mathbf{Tq} + \mathbf{f}$$

ここで, $\mathbf{X}, \mathbf{y}$ は 8.4 節と同様のそれぞれ特徴量の標準化を行ったあとの x, y のデータセット, $\mathbf{t}_i, \mathbf{p}_i$ はそれぞれ i 番目の主成分のスコアベクトルとローディングベクトル, $\mathbf{E}$ と $\mathbf{f}$ はそれぞれ $\mathbf{X}$ の誤差行列と $\mathbf{y}$ の誤差ベクトル, q_i は i 番目の主成分と $\mathbf{y}$ との間の回帰係数, a は主成分の数です. 定義は 6.1 節や 8.4 節と同様ですので, 必要に応じて復習してください. また, 行列やベクトルの扱いについて確認したい方はこちらのウェブサイト[20] が便利です.

　第 1 主成分 $\mathbf{t}_1$ を計算します. PCA と同様に $\mathbf{t}_1$ は x の線形結合で表されると仮定し, i 番目の x のベクトルを $\mathbf{x}_i, \mathbf{x}_i$ の $\mathbf{t}_1$ への重みを $w_1^{(i)}$ とすると, $\mathbf{t}_1$ は以下の式で表されます.

$$\mathbf{t}_1 = \sum_{i=1}^{m} w_1^{(i)} \mathbf{x}_i = \mathbf{Xw}_1 \tag{8.14}$$

ここで, m は x の数, $\mathbf{w}_1$ は $w_1^{(i)}$ を並べた縦ベクトルです. $\mathbf{w}_1$ に関して, 6.1 節の PCA におけるローディングベクトルの制約条件と同様に, 制約条件として $\mathbf{w}_1$ の大きさを以下の式のように 1 とします.

$$\sum_{i=1}^{m} (w_1^{(i)})^2 = 1 \tag{8.15}$$

$\mathbf{y}, \mathbf{x}_i$ は特徴量の標準化がなされているため, 平均値は 0 です. これにより, $\mathbf{x}_i$ の線形結合で表される $\mathbf{t}_1$ の平均値も 0 です. 共分散の式（4.5 節参照）より, $\mathbf{y}$ と $\mathbf{t}_1$ の共分散は $\mathbf{y}$ と $\mathbf{t}_1$ との内積を $n-1$（n はサンプル数）で割ったものとなり, 共分散を最大化することは, $\mathbf{y}$ と $\mathbf{t}_1$ との内積を最大化することと同義です. 式(8.15)を満たしながら, $\mathbf{y}$ と $\mathbf{t}_1$ との内積が最大となる $\mathbf{w}_1$ を求める必要があるため, 6.1 節の PCA と同様にラグランジュの未定乗数法を用います. λ を未知の定数として次式の G が最大となる $w_1^{(i)}$ を求めます.

$$G = \mathbf{y}^{\mathrm{T}} \mathbf{t}_1 - \lambda \left(\sum_{i=1}^{m} (w_1^{(i)})^2 - 1 \right) \tag{8.16}$$

式(8.14) より, 式(8.16) は以下のように変形できます.

$$G = \mathbf{y}^{\mathrm{T}} \mathbf{X} \mathbf{w}_1 - \lambda \left(\sum_{i=1}^{m} (w_1^{(i)})^2 - 1 \right)$$
$$= \sum_{j=1}^{n} \sum_{i=1}^{m} y^{(j)} x_i^{(j)} w_1^{(i)} - \lambda \left(\sum_{i=1}^{m} (w_1^{(i)})^2 - 1 \right) \tag{8.17}$$

ここで，$y^{(j)}$ は j 番目のサンプルにおける y の値，$x_i^{(j)}$ は，j 番目のサンプルにおける i 番目の x の値です．G が最大ということは G が極大ということであるため，G を $\lambda, w_1^{(i)}$ で偏微分したものを 0 とします．λ の場合は式(8.15) と同じになります．$w_1^{(i)}$ の場合の式を整理すると以下のようになります．

$$\frac{\partial G}{\partial w_1^{(i)}} = \sum_{j=1}^{n} y^{(j)} x_i^{(j)} - 2\lambda w_1^{(i)} = 0 \tag{8.18}$$

$$\sum_{j=1}^{n} y^{(j)} x_i^{(j)} = 2\lambda w_1^{(i)} \tag{8.19}$$

式(8.19) の両辺に $w_1^{(i)}$ を掛けてから，両辺それぞれ i について 1 から m まで和をとると，

$$\sum_{i=1}^{m} \sum_{j=1}^{n} y^{(j)} x_i^{(j)} w_1^{(i)} = 2\lambda \sum_{i=1}^{m} (w_1^{(i)})^2 \tag{8.20}$$

となります．また，式(8.15) より，

$$\sum_{j=1}^{n} \sum_{i=1}^{m} y^{(j)} x_i^{(j)} w_1^{(i)} = 2\lambda \tag{8.21}$$
$$\lambda = \frac{\mathbf{y}^{\mathrm{T}} \mathbf{t}_1}{2}$$

と変形できます（$\mathbf{y}^{\mathrm{T}} \mathbf{t}_1$ については，式(8.16),(8.17) の変形の逆です）．さらに，式(8.19) より，

$$w_1^{(i)} = \frac{\displaystyle\sum_{j=1}^{n} y^{(j)} x_i^{(j)}}{2\lambda} \tag{8.22}$$

となり，式(8.21) より λ はすべての $w_1^{(i)}$ で同じ値であることから，式(8.22) を $\mathbf{w}_1$ でまとめることができ，以下の式のようになります．

$$\mathbf{w}_1 = \frac{\mathbf{X}^{\mathrm{T}} \mathbf{y}}{2\lambda} \tag{8.23}$$

分母の λ はある定数であり，式(8.15) より $\mathbf{w}_1$ の大きさは 1 であることから，以下のように式(8.23) の分子のベクトル $\mathbf{X}^{\mathrm{T}} \mathbf{y}$ をその大きさ $\| \mathbf{X}^{\mathrm{T}} \mathbf{y} \|$ で割れば式(8.15)

を満たすことになります.

$$\mathbf{w}_1 = \frac{\mathbf{X}^\mathrm{T}\mathbf{y}}{\|\mathbf{X}^\mathrm{T}\mathbf{y}\|} \tag{8.24}$$

これにより，$\mathbf{X}, \mathbf{y}$ から $\mathbf{w}_1$ を計算でき，式(8.14) から $\mathbf{t}_1$ を計算できます.

$\mathbf{p}_1$ における i 番目の x に対応する値 $p_1^{(i)}$ は $\mathbf{x}_1$ の誤差の二乗和が，q_1 は $\mathbf{y}$ の誤差の二乗和が最小になるように求めます. つまり，それぞれ8.4.2項のOLS法により以下のように計算できます.

$$\mathbf{p}_1 = \frac{\mathbf{X}^\mathrm{T}\mathbf{t}_1}{\mathbf{t}_1^\mathrm{T}\mathbf{t}_1} \tag{8.25}$$

$$q_1 = \frac{\mathbf{y}^\mathrm{T}\mathbf{t}_1}{\mathbf{t}_1^\mathrm{T}\mathbf{t}_1} \tag{8.26}$$

$\mathbf{X}, \mathbf{y}$ の中で，第1主成分 $\mathbf{t}_1$ で表現できない部分をそれぞれ $\mathbf{X}_1, \mathbf{y}_1$ とすると，以下のようになります.

$$\mathbf{X}_1 = \mathbf{X} - \mathbf{t}_1\mathbf{p}_1^\mathrm{T} \tag{8.27}$$

$$\mathbf{y}_1 = \mathbf{y} - q_1\mathbf{t}_1 \tag{8.28}$$

$\mathbf{X}_1, \mathbf{y}_1$ をこれまでの式(8.14), (8.24)～(8.28) における $\mathbf{X}, \mathbf{y}$ として用いることで，第2主成分に関しても同様に，$\mathbf{w}_2, \mathbf{t}_2, \mathbf{p}_2, q_2, \mathbf{X}_2, \mathbf{y}_2$ を計算できます. 第3主成分以降も順番に $\mathbf{w}_i, \mathbf{t}_i, \mathbf{p}_i, q_i, \mathbf{X}_i, \mathbf{y}_i$ を計算します. 式(8.27) により前の主成分で表現可能な情報を $\mathbf{X}$ から引いていることから，PCAと同様に主成分間は無相関になります.

PLS法の標準回帰係数 $\mathbf{b}$ は以下の式で表されます. 発展的な内容のため，導出方法は割愛しますが，興味がある方はこちらのウェブサイト[35] を参照ください.

$$\mathbf{b} = \mathbf{W}(\mathbf{P}^\mathrm{T}\mathbf{W})^{-1}\mathbf{q} \tag{8.29}$$

ここで，$\mathbf{W}$ は重みベクトル $\mathbf{w}_1, \mathbf{w}_2, \cdots$ を横に並べた行列です.

主成分を何成分まで用いるかは，事前に決めておく必要があります. PLS法の推定性能が高くなるように主成分の数を決める方法は，次節に取り扱います.

8.5.4 PLS 法による回帰分析の実行

PLS法を実行するため, scikit-learn（6.1節参照）を使用します. PLS法を実行するためのライブラリを, from sklearn.cross_decomposition import PLSRegression として取り込みます. サンプル Notebook では次に主成分の数を number_of_components ＝ 2 と設定しています. PLS法による回帰分析を実行したり結果を格

納したりするための model を，model = PLSRegression(n_components = number_of_components) として準備します．

　サンプル Notebook の PLS 法に関するこれ以降のプログラムコードは，8.4 節の OLS 法のプログラムコードとまったく同じです．このように，モデル構築や推定のための変数を準備すること以外は同様の手続きでさまざまな手法を実行できることが，scikit-learn などのライブラリを使用する大きなメリットの 1 つです．サンプル Notebook において各セルの説明を読みながら，PLS モデルの構築，PLS モデルを用いた推定，実測値 vs. 推定値プロットの作成，決定係数 r^2 や y の予測／推定誤差の絶対値の平均値 MAE（8.4.3 項参照）の計算を行いましょう．

　OLS 法を用いた線形重回帰分析では標準回帰係数が負に大きい値となった HeavyAtomMolWt について，主成分の数を 2 とした PLS では，標準回帰係数が正の値となることを確認しましょう．分子量の大きな化合物は沸点が高い傾向がある，という知見と一致するようになったと思います．さらに，主成分の数（n_components の値）を変えて標準回帰係数の値や PLS モデルの推定性能を確認してみましょう．

　以上のように，OLS 法と比較して PLS 法は，サンプル数が x の数より小さい場合や，データセットにおける x の間に強い相関関係がある場合に有効です．サンプル Notebook には，OLS 法でオーバーフィッティングが起こり，PLS 法でオーバーフィッティングが軽減される例として医薬品錠剤の Near-InfraRed（NIR）スペクトルのデータセット shootout_2002.csv を用いた解析例があります．このデータセットは 2002 年に International Diffuse Reflectance Conference （IDRC）が公開した錠剤の NIR スペクトルのデータセット[36]であり，460 個の錠剤について，y は錠剤中の有効成分（Active Pharmaceutical Ingredient, API）の含量 [mg]，x は波長 600, 602, …, 1898 nm で計測された NIR スペクトル（FOSS NIRSystems Multitab Analysers）650 変数です．サンプル Notebook をよく読みながら実行してみましょう．

　医薬品錠剤の NIR スペクトルのデータセットを OLS により回帰分析したとき，トレーニングデータにおける実測値 vs. 推定値プロットではサンプルは対角線上にあり，r^2 は 1，MAE はほとんど 0 となります．x によって y を完璧に説明できていますが，API の測定結果やスペクトルの測定結果にはノイズが含まれているはずであり，そのような結果は不自然と考えられます．実際，テストデータの API を推定すると，実測値 vs. 推定値のプロットや MAE の値から，トレーニングデータに

おける推定誤差と比較して，テストデータにおける推定誤差が大きいことが確認できます．OLSモデルがトレーニングデータにオーバーフィッティングしていると考えられます．一方，PLS法により回帰分析をすると，トレーニングデータの推定結果ではOLS法と比較して，r^2は小さく，MAEは大きいです．実測値 vs. 推定値のプロットではOLS法よりも対角線から離れているサンプルも見られ，トレーニングデータにおける推定誤差はOLS法よりPLS法のほうが大きいです．しかし，テストデータの推定結果を確認すると，OLS法と比べてPLS法のほうがr^2は大きく，MAEは小さく，さらに実測値 vs. 推定値のプロットより対角線付近に固まっていることから，OLS法よりPLS法のほうがテストデータの推定結果は良好といえます．PLS法ではOLS法と比較してオーバーフィッティングが軽減されていることが確認できました．今回のデータセットにおいては，回帰モデル構築に用いていないサンプルに対する推定性能の高いPLS法のほうがOLS法より望ましいです．

PLS法は特にケモメトリックス・ケモインフォマティクス・バイオインフォマティクスの分野で広く使われています．皆さんの手元のデータセットで同じような事例がないか探し，実際に回帰分析をしてみましょう．また，前回の仮想的な樹脂材料のデータセット用いた練習問題をぜひPLS法でも行ってみましょう．

8.6　さまざまな解析の自動化・効率化

8.5節では，モデルの推定性能を低下させる要因の1つであるオーバーフィッティングや共線性・多重共線性について理解し，これらの問題を解決するための有効な手法の1つであるPLS法を扱えるようになりました．本節では，さまざまな解析を自動的にできるようになることを目標に，PLS法における成分数などのハイパーパラメータを決める際に用いる交差検証もしくはクロスバリデーション（Cross-Validation, CV）と，プログラムでfor文，if文を利用することを学びます．

サンプルNotebookはsample_program_8_6.ipynbです．今回も8.4節と同様の沸点が測定された化合物のデータセット[17]を用います．

8.6.1　CVに基づくハイパーパラメータの決定方法

k-NNでは，8.2節のクラス分類や8.4節の回帰でもモデル構築をする前に近傍データの数kの値を決める必要がありました．また，8.5節で扱ったPLS法による線形重回帰分析では，使用する成分数を事前に決めてからモデルを構築しまし

た．k の値や成分数のように分類や回帰の過程において自動的には決定されず，ユーザが入力として与えて設定するパラメータのことをハイパーパラメータと呼びます．誤差を評価するために平均二乗誤差を用いるのか平均絶対誤差を用いるのか，誤差を最小化するためのアルゴリズムなどの選択肢もハイパーパラメータの例です．ハイパーパラメータの選択により，構築されるモデルの精度や複雑さ（非線形性の強さなど）が異なるため，ハイパーパラメータにおける候補の中から適切に設定することが重要となります．

　モデル構築の目的は，新しいサンプルにおける目的変数 y を正確に推定することであるため，モデルの推定性能が高くなるようにハイパーパラメータを決めることが望ましいです．ハイパーパラメータを決める際にモデルの推定性能を評価するためには，一般的に CV が用いられます．

　図 8-7 に CV の概要を示します．まず，なるべく各グループにおけるサンプル数が等しくなるように注意しながら，サンプルをいくつかのグループ（フォールド（fold）と呼ぶ）にランダムに分割します．p 個のフォールドに分割する場合，CV を p-fold CV と呼び，特に p がサンプル数に等しいときには leave-one-out CV と呼びます．たとえば，図 8-7 の A では 3 個のフォールドに分割しているので 3-fold CV です．なお，k-fold CV のほうが一般的ですが，k-NN の k と重複するため，本書では p-fold CV とします．次に，$p-1$ 個のフォールド（図 8-7 では 2 つのフォールド）のみをトレーニングデータとして用いてモデルを構築し，残りの 1

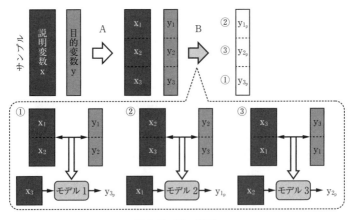

図 8-7 CV の概要

つのフォールドの y を推定し, テストデータとして比較することを p 回繰り返します (図8-7 の B. この場合は 3 回). これにより, すべてのサンプル (標本) において, 各サンプルをモデル構築に用いていないときの y の推定結果が得られます. サンプル数が十分大きいときの p の値としては 2, 5, 10 が経験的によく使用されます. サンプル数が小さい (たとえば 30 未満) ときには leave-one-out CV がよいでしょう.

ハイパーパラメータの候補を変えて CV を行い, クラス分類では実際のクラスと CV で推定されたクラスとの間で正解率などの指標を, 回帰分析では実測値と CV 後の推定値との間で決定係数 r^2 (8.4.3 項参照) などの指標を計算し, 指標の値が最良となるハイパーパラメータの候補を選択します. CV によって得られた y の推定結果は, サンプルごとに自身が含まれないデータセットで構築されたモデルにより推定された結果であるため, 新しいサンプルに対するモデルの推定性能が高くなるようにハイパーパラメータを決定できると考えられます. ハイパーパラメータの決定後は, 8.2, 8.4, 8.5 節で行ったようにすべてのトレーニングデータでモデルを構築し, テストデータにおける推定性能を検証します.

ハイパーパラメータが複数ある場合は, まずハイパーパラメータごとに候補を準備しておき, すべてのハイパーパラメータの候補の組合せで CV を行います. それぞれ CV における推定結果から指標の値を計算し, それが最良となるハイパーパラメータの候補の組合せを選択します. このようにいくつかのパラメータにおいてすべての候補の組合せを試行する方法をグリッドサーチと呼びます.

8.6.2 外部バリデーションと内部バリデーション

8.2.2 項ではクラス分類において, 8.4.3 項では回帰分析において, 構築されたモデルの検証を, テストデータを用いて行いました. このようにトレーニングデータとはまったく別にテストデータを事前に準備しておき, トレーニングデータで構築されたモデルの推定性能をテストデータで検証することを外部バリデーションと呼びます. 一方で前項の CV のように, 同じデータセットにおいてトレーニングデータとテストデータの分割を繰り返して (あるサンプルにおいては, トレーニングデータになったりテストデータになったりする), モデルの推定性能を検証することを内部バリデーションと呼びます. 基本的に, 回帰分析手法ごとに構築されたモデルやクラス分類手法ごとに構築されたモデルの推定性能を比較するときに外部バリデーションを用い, ある回帰分析手法やあるクラス分類手法においてハイパー

パラメータごとモデルの推定性能を比較するときに内部バリデーションを用います．

8.6.3　for 文によるハイパーパラメータの決定

　CV によりハイパーパラメータを決定するとき，たとえば PLS 法による線形重回帰分析において，主成分の数を 1, 2, 3, … と変えて，CV による y の推定値と実測値との間で r^2 を計算します．主成分の数を変えること以外の処理は同じです．このように範囲を指定して同じ処理を繰り返すときは，プログラムにおいて for 文を利用します．

　Python における for 文では，`for 変数 in range(繰返し回数):` と記述することで，繰返し回数を指定します．たとえば 10 回繰り返したい場合は，`for i in range(10):` とします．このとき i は 0, 1, 2, …, 8, 9 となり，10 回繰り返されます．字下げ（インデント）をすることで，for 文で繰返し処理をするコードを指定します．Jupyter Notebook では半角スペース 4 つもしくは Tab キーによって字下げする必要があります．サンプル Notebook における最初の Code セルを実行して結果を確認しましょう．また，for 文において 0 はじまりではない範囲を指定するには，`range(最初の数，最後の数+1)` とすることで，最初と最後の数を指定できます．次のセルを実行して，1 から 10 までの累積和の過程や最後の結果を確認しましょう．最後の行の `print(sum_of_number)` は字下げがないため，for 文の繰返し対象には含まれず最後に実行されます．

　`range(最初の数，最後の数+1，増加量)` とすることで，増加量（公差）も指定できます．次のセルを実行して結果を確認しましょう．なお `sum_of_number += number` は `sum_of_number = sum_of_number + number` と同じことを表します．公差は整数である必要がありますが，負の整数を指定することも可能です．次のセルを実行して結果を確認しましょう．なお，list（2.2 節参照）において，`list 名.append(数値や文字列や変数名)` とすることで，list に新たな要素として数値や文字列などを追加できます．次の 2 つの Code セルにおいて，list の要素を for 文で順番に選択する方法を紹介しています．コードや実行結果を確認しましょう．

　CV で決定するハイパーパラメータの例として，PLS 法の主成分の数を対象とします．サンプルデータセットとして沸点のデータセット[17]を使用します．サンプル Notebook において，データセットの読み込み，データセットのトレーニングデータとテストデータへの分割，特徴量の標準化（オートスケーリング）に対応するセルを実行しましょう．CV を実行するため，scikit-learn（6.1 節参照）を使用しま

す．CV を実行するための関数を from sklearn.model_selection import cross_val_predict として取り込みます．サンプル Notebook の該当するセルを実行しましょう．PLS 法や r^2 などの統計量を計算するためのライブラリも一緒に取り込んでいます．次の 2 つのセルを実行して，最大の主成分数 max_number_of_components に 8，CV のフォールド数 p である fold_number に 5 を代入します．その次のセルを実行することで，主成分数を変えながら主成分数やその主成分数での CV 後の r^2 を追加するための，components, r2_in_cv_all という空の list を作成します．

次の for 文のセルでは，主成分数を $1, 2, \cdots,$ max_number_of_components と変えながら，CV で y の推定値を計算し，スケールをもとに戻してから実測値と推定値との間で r^2 を計算し，主成分数と r^2 をそれぞれ components, r2_in_cv_all に追加しています．実行することで主成分数ごとの CV 後の r^2 を計算しましょう．さらに，次のセルを実行して，計算した r^2 の値を表示しましょう．主成分数ごとの CV 後の r^2 を図で確認します．次の 2 つの Code セルを実行することで，主成分数と CV 後の r^2 との間の散布図を描画しましょう．

CV 後の r^2 が最大値となる主成分数を調べます．list 内にある要素（数値もしくは文字列）の順番を取得するには，list 名.index(対象の数値もしくは文字列) とします．max(r2_in_cv_all) で r^2 の最大値がわかることから，r2_in_cv_all.index(max(r2_in_cv_all)) で最大値となる要素の順番がわかります．次の 4 つのセルを実行して，最良の主成分数を optimal_component_number に代入して確認しましょう．最良の主成分数が決まったら，前回と同様にして PLS モデルの構築やモデルの評価を行います．以降のセルを実行して確認しましょう．

練習問題として，k-NN による回帰分析において，k の値を $1, 2, \cdots, 10$ と変えてそれぞれ CV を行い，r^2 が最大となる k の値を選択しましょう．さらに，k-NN によるクラス分類において，k の値を $1, 2, \cdots, 10$ と変えてそれぞれ CV を行い，正解率が最大となる k の値を選択しましょう．クラス分類では，あやめのデータセット[12] を用いてください．コード例はサンプル Notebook の 1 番下にあります．

8.6.4　if 文による複数の手法を用いたデータ解析

回帰分析のとき，k-NN，OLS 法，PLS 法でモデルの変数を準備する部分のコードのみ異なる一方で，データの前処理やモデル構築・モデルを用いた推定・推定結果の評価に関するコードは同じでした．このように，選択した手法によって一部のコードのみ異なる複数の処理に分岐させるときには，if 文を利用します．

if 文では，if 条件式: と記述することで，条件式を満たす場合のみ if 文内のコードが実行されます．字下げすることで，if 文内のコードを指定します．字下げの決まりは for 文と同様です．サンプル Notebook における最初の 2 つの Code セルを実行して結果を確認しましょう．最初のセルにおいて number を 5 などに変更して，実行結果が変わることも確認してください．また，else: を記述し，そのあとのコードを字下げすることで，条件式を満たさなかった場合に実行するコードを指定できます．サンプル Notebook の次のセルを実行して結果を確認しましょう．number を 5, 15 などに変更して，実行結果が変わることも確認してください．さらに，elif 条件式: を用いることで，3 つ以上に分岐する処理を実現できます（elif は else if の省略形）．サンプル Notebook の次のセルを実行して結果を確認しましょう．number を 5, 10, 15 などに変更して，実行結果が変わることも確認してください．

　条件式に文字列を用いることもできます．次の 2 つの Code セルのコードを確認し，それを実行して，実行結果を確認しましょう．elif 条件式 1 or 条件式 2: は，条件式 1, 2 のうちどちらかを満たせば，その後のコードが実行されることを意味します．alcohol_drink ＝... と書かれたセルにおいて，'beer' を 'sake', 'wine' などと変更して 2 つのセルを実行して結果を確認してください．なお，サンプル Notebook にコード例はありませんが，if 条件式 1 and 条件式 2 and ...: は条件式 1, 2, …のすべてを満たせば，if not 条件式: は条件式が満たされなければ，そのあとのコードが実行されることを意味します．論理演算の詳細に興味のある方は，こちらのウェブサイト[5] をご覧ください．

　if 文を活用して，OLS 法と PLS 法で回帰分析を行います．サンプル Notebook において，特徴量の標準化まで実行しましょう．次のセルで OLS 法，PLS 法に必要なライブラリを取り込み，"OLS 法か PLS 法を選択して回帰分析" と書かれた Markdown セルの次の Code セルを実行して regression_method という変数に回帰分析手法として OLS 法，PLS 法のどちらを実行するかの文字列を，number_of_components に PLS 法を用いた際の主成分数を代入します．次のセルにおいて，regression_method に応じて選ばれた手法でモデルの変数 model を準備します．regression_method として OLS でも PLS でもない文字列にしてしまった場合は，The regression method is not prepared. Please check the variable of 'regression_method'. と表示し，間違いに気づきやすいようにしています．このセルを実行しましょう．

モデルの変数を準備したら，これまでと同様にしてモデルを構築し，構築したモデルを評価します．以降のセルを実行して確認しましょう．テストデータにおける平均絶対誤差 MAE の計算まで終わったら，regression_method に代入するセルに戻り，OLS を PLS に変更して再度実行しましょう．以上のようにして，OLS 法，PLS 法のように手法が複数あっても，少ないコードで効率的に回帰分析をすることができます．

本節と同様のことは if 文を使わずに，OLS 法用の Code セル，PLS 法用の Code セルをそれぞれ作成しておき，実施したい解析内容に応じて実行する Code セルを人が判断して切り換えることもできます．ただこれでは切り替えのための追加の説明を書く必要があったり，切り替えという人の作業が増えて間違えて切り替えをすることが起こったり（PLS 法と思って解析したつもりが OLS 法だったなど）します．if 文を用いることで，こうしたヒューマンエラーを防げます．また，if 文という共通した書き方をすることで，プログラム作成者以外の人でも解読しやすいプログラムになります．さらに，たとえば for 文を用いた繰り返し計算により，一度 Code セルを実行するだけで OLS 法，PLS 法の両方をまとめて解析したい場合は，for 文の中で if 文を使用する必要があります．

練習問題として，OLS 法，PLS 法に加えて k-NN でも同様な解析ができるようなコードを作成しましょう．その際，PLS 法の場合は成分数を $1, 2, 3, \cdots, 8$ と変えて，k-NN の場合は k の値を $1, 2, \cdots, 10$ と変えて，それぞれ CV を行い，r^2 が最大となる成分数や k の値を選択してからモデル構築するようにしてください．なお，k-NN の場合，標準回帰係数は計算されませんので注意しましょう．コード例はサンプル Notebook の 1 番下にあります．

8.7 非線形の回帰分析手法やクラス分類手法

前節まで，クラス分類手法として k-NN，回帰分析手法として k-NN，OLS 法，PLS 法を扱い，それぞれ実行できるようになりました．本節ではその他のクラス分類手法としてサポートベクターマシン（Support Vector Machine, SVM），決定木（Decision Tree, DT），ランダムフォレスト（Random Forests, RF）を，回帰分析手法としてサポートベクター回帰（Support Vector Regression, SVR），決定木（Decision Tree, DT），ランダムフォレスト（Random Forests, RF）を学びます．

本章で扱うクラス分類手法・回帰分析手法を線形手法・非線形手法で整理すると

表8-3　本章で扱うクラス分類手法と回帰分析手法

	線形手法	非線形手法
クラス分類手法	SVM	k-NN, SVM, DT, RF
回帰分析手法	OLS, PLS, SVR	k-NN, SVR, DT, RF

表8-3のようになります．SVM，SVR はそれぞれ 8.7.1，8.7.2項で説明すると
おり，用いるカーネル関数によって線形手法にも非線形手法にもなります．k-NN,
DT，RF はクラス分類でも回帰でも利用できます．

8.7.1　サポートベクターマシン（Support Vector Machine, SVM）

　サポートベクターマシン（Support Vector Machine, SVM）は，ある化合物が薬
か薬でないか，化学プラントにおけるある時刻の状態が正常か異常か，のような2
つのクラスを分類します．2つのクラスを1のクラスと−1のクラスとし，1のク
ラスのサンプルにおける目的変数 y の値を1，−1のクラスのサンプルにおける y
の値を−1とします．i 番目の y の値を $y^{(i)}$ とすると，$y^{(i)}＝1$ もしくは $y^{(i)}＝−1$ で
す．1と−1を判別する関数を f としたとき，あるサンプルの説明変数 x の値（の
ベクトル）である $\mathbf{x}^{(i)}$ における $f(\mathbf{x}^{(i)})$ の値が，0以上であったら1のクラス，0よ
り小さかったら−1のクラスとすることで，新しいサンプルのクラスを推定します．
　図8-8のように x が2つのときに，線形の SVM モデル，つまり直線でクラス1
とクラス−1を判別することを考えます．各 x の重み（直線の傾き）を $\mathbf{a}_{\mathrm{SVM}}＝$
$(a_{\mathrm{SVM,1}}, a_{\mathrm{SVM,2}})^{\mathrm{T}}$ とすると，$f(\mathbf{x}^{(i)})$ は以下の式で表されます．

$$f(\mathbf{x}^{(i)})＝\mathbf{x}^{(i)}\mathbf{a}_{\mathrm{SVM}}+u$$
$$＝x_1^{(i)}a_{\mathrm{SVM,1}}+x_2^{(i)}a_{\mathrm{SVM,2}}+u \tag{8.30}$$

ここで u は定数項（直線の位置）です．SVM では，クラス1とクラス−1を適切
に判別することを目的として，マージンという，クラス1とクラス−1を判別する
境界の式（図8-8の直線 $a_{\mathrm{SVM,1}}\mathrm{x}_1+a_{\mathrm{SVM,2}}\mathrm{x}_2+u＝0$）と最も近いサンプルとの距離
の2倍が大きくなるように（クラス1のサンプルとクラス−1のサンプルが分かれ
るように），$\mathbf{a}_{\mathrm{SVM}}＝(a_{\mathrm{SVM,1}}, a_{\mathrm{SVM,2}})^{\mathrm{T}}$ が決められます．
　マージンを計算する前に，判別式（図8-8の直線 $a_{\mathrm{SVM,1}}\mathrm{x}_1+a_{\mathrm{SVM,2}}\mathrm{x}_2+u＝0$）か
ら最も近いクラス1のサンプルが通る直線が $a_{\mathrm{SVM,1}}\mathrm{x}_1+a_{\mathrm{SVM,2}}\mathrm{x}_2+u＝1$ に，判別式
から最も近いクラス−1のサンプルが通る直線が $a_{\mathrm{SVM,1}}\mathrm{x}_1+a_{\mathrm{SVM,2}}\mathrm{x}_2+u＝−1$ にな
るように，判別式の傾き $a_{\mathrm{SVM,1}}, a_{\mathrm{SVM,2}}$ と定数項 u を定数倍して調整しておきます

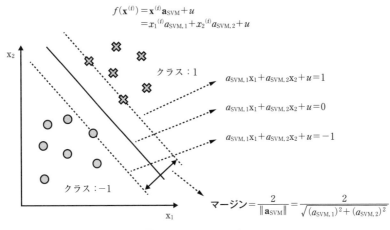

図 8-8　SVM のマージン

（これから，定数倍したあとの $a_{\mathrm{SVM,1}}, a_{\mathrm{SVM,2}}$ と定数項 u を求めるということです）．このとき，点と直線との距離の式より，マージンは以下の式で表されます．

$$2 \times \frac{|a_{\mathrm{SVM,1}} x_1^{(i)} + a_{\mathrm{SVM,2}} x_2^{(i)} + u|}{\sqrt{(a_{\mathrm{SVM,1}})^2 + (a_{\mathrm{SVM,2}})^2}} = \frac{2}{\sqrt{(a_{\mathrm{SVM,1}})^2 + (a_{\mathrm{SVM,2}})^2}} = \frac{2}{\|\mathbf{a}_{\mathrm{SVM}}\|}$$

(8.31)

この式変形では，判別式から最も近いサンプル $(x_1^{(i)}, x_2^{(i)})$ が，$a_{\mathrm{SVM,1}} x_1 + a_{\mathrm{SVM,2}} x_2 + u$ $=1$ や $a_{\mathrm{SVM,1}} x_1 + a_{\mathrm{SVM,2}} x_2 + u = -1$ を通ることから，$|a_{\mathrm{SVM,1}} x_1^{(i)} + a_{\mathrm{SVM,2}} x_2^{(i)} + u| = 1$ であることを利用しています．

　実際には，図 8-8 のようにクラス 1 とクラス -1 とを完璧に判別することは難しく，図 8-9 のように正しく判別できないサンプルも存在してしまいます．正しく判別できないサンプルにペナルティー（クラス分類における誤差）を与えるため，サンプルごとにスラック変数というパラメータを導入します．i 番目のサンプルにおけるスラック変数の値を $\xi^{(i)}$ と表します（ξ はクサイもしくはグザイと読みます）．図 8-9 に示されているように，正しく判別されたサンプルの中で，マージンの境界の上やその外側にあるサンプルにはペナルティーはなく，$\xi^{(i)} = 0$ です．それ以外のサンプルにはペナルティーが与えられ，$\xi^{(i)} = |y^{(i)} - f(\mathbf{x}^{(i)})|$ と定義されます．図 8-9 のように，正しく判別されたサンプルでも，マージンの境界の内側のサンプルにはペナルティーが与えられます．判別式の傾きと定数項を調整したため，ちょうど判別式の上のサンプルにおいては，$\xi^{(i)} = 1$，判別式より内側にありマージン内で

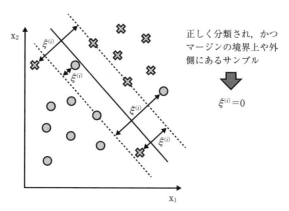

図 8-9 SVM のスラック変数 $\xi^{(i)}$

正しく分類されたサンプルでは $0<\xi^{(i)}<1$，判別式より外側にあり誤って分類され
たサンプルでは $\xi^{(i)}>1$ となります．$\xi^{(i)}$ を用いると，$\xi^{(i)}, y^{(i)}, f(\mathbf{x}^{(i)})$ の関係は以
下の式のようになります．

$$y^{(i)}f(\mathbf{x}^{(i)})\geq1-\xi^{(i)} \tag{8.32}$$

ただし，$\xi^{(i)}$ について次の式が成り立ちます．

$$\xi^{(i)}\geq0 \tag{8.33}$$

トレーニングデータにおけるスラック変数の和である以下の式が小さいほど，正し
く判別されているといえます．

$$\sum_{j=1}^{n}\xi^{(j)} \tag{8.34}$$

ただし n はトレーニングデータのサンプル数です．

式(8.31) のマージンを最大化することと，式(8.34) のスラック変数の和を最小
化することを同時に考えます．一方を最大化，もう一方を最小化では同時に考える
ことが難しいです．2 つとも最小化する問題にするため，マージンに関してはマー
ジンの逆数 $\|\mathbf{a}_{\mathrm{SVM}}\|/2$ を考えます．さらに $\|\mathbf{a}_{\mathrm{SVM}}\|$ を最小にすることと，$\|\mathbf{a}_{\mathrm{SVM}}\|^2$ を
最小にすることとは同じことであるため，最適化のしやすさからマージンを最大化
することに関しては $\|\mathbf{a}_{\mathrm{SVM}}\|^2/2$ を最小化することに変換します．以上より，SVM
では以下の S を最小化します．

$$S=\frac{1}{2}\|\mathbf{a}_{\mathrm{SVM}}\|^2+C\sum_{j=1}^{n}\xi^{(j)} \tag{8.35}$$

ここで C は，マージンの項に対するスラック変数の和の項の重みです．C が大きいと，よりスラック変数の和が小さくなるように，すなわち誤分類されるサンプルが少ないように $\mathbf{a}_{\mathrm{SVM}}$ が最適化されます．C が小さいと，よりマージンの逆数が小さくマージンが大きくなるように $\mathbf{a}_{\mathrm{SVM}}$ が最適化されます．C はハイパーパラメータ（8.6 節参照）です．なお，ここまでの議論は，説明変数 x が 2 つの場合だけでなく，x の数を m と一般化することも可能です．

式(8.35) の S を最小化することで，以下の式が得られます．

$$f(\mathbf{x}^{(i)}) = \sum_{j=1}^{n} \alpha^{(j)} y^{(j)} \mathbf{x}^{(i)} \mathbf{x}^{(j)\mathrm{T}} + u \tag{8.36}$$

$\alpha^{(j)}$ は S の最小化によって求められるパラメータであり，u はその後マージンの境界上のサンプルによって計算されます．$\alpha^{(j)}, u$ の導出過程については，次の**発展①**で説明します．興味のある方はご覧いただき，それ以外の方はスキップしてください．

発展①

　制約条件である式(8.32), (8.33) を満たしながら式(8.35) の S が最小となる $\mathbf{a}_{\mathrm{SVM}}$ を求めるため，変数に制約条件がある場合の最適化を行うための数学的な方法であるラグランジュの未定乗数法[20] を用います．$\alpha^{(j)}, \beta^{(j)}$（すべて 0 以上）を未知の定数として以下のように G を準備します．

$$\begin{aligned} G &= \frac{1}{2} \| \mathbf{a}_{\mathrm{SVM}} \|^2 + C \sum_{j=1}^{n} \xi^{(j)} - \sum_{j=1}^{n} \alpha^{(j)} (y^{(j)} f(\mathbf{x}^{(j)}) - 1 + \xi^{(j)}) - \sum_{j=1}^{n} \beta^{(j)} \xi^{(j)} \\ &= \frac{1}{2} \| \mathbf{a}_{\mathrm{SVM}} \|^2 + C \sum_{j=1}^{n} \xi^{(j)} - \sum_{j=1}^{n} \alpha^{(j)} (y^{(j)} \mathbf{x}^{(j)} \mathbf{a}_{\mathrm{SVM}} + y^{(j)} u - 1 + \xi^{(j)}) - \sum_{j=1}^{n} \beta^{(j)} \xi^{(j)} \end{aligned} \tag{8.37}$$

$\mathbf{a}_{\mathrm{SVM}}, u, \xi^{(j)}$ に関して G を最小化し，$\alpha^{(j)}, \beta^{(j)}$（すべて 0 以上）に関して G を最大化します．まず，$\mathbf{a}_{\mathrm{SVM}}, u, \xi^{(j)}$ に関して G を最小化します．G が最小値になるということは G は極小値ということなので，G を $\mathbf{a}_{\mathrm{SVM}}, u, \xi^{(j)}$ でそれぞれ偏微分して 0 とすると，以下のような式になります．

$$\frac{\partial G}{\partial \mathbf{a}_{\mathrm{SVM}}} = 0 \implies \mathbf{a}_{\mathrm{SVM}} = \sum_{j=1}^{n} \alpha^{(j)} y^{(j)} \mathbf{x}^{(j)\mathrm{T}} \tag{8.38}$$

$$\frac{\partial G}{\partial u} = 0 \implies \sum_{j=1}^{n} \alpha^{(j)} y^{(j)} = 0 \tag{8.39}$$

$$\frac{\partial G}{\partial \xi^{(j)}} = 0 \implies \alpha^{(j)} + \beta^{(j)} = C \quad (j = 1, 2, \cdots, n) \tag{8.40}$$

なお式(8.38) において，$\mathbf{a}_{\mathrm{SVM}}$ が縦ベクトルであるため $\mathbf{x}^{(j)\mathrm{T}}$ と転置しました．

　次に，$\alpha^{(j)}$ を求めます．式(8.38)～(8.40) を使用すると，式(8.37) は以下のように変形できます．

$$G=\sum_{j=1}^{n}\alpha^{(j)}-\frac{1}{2}\sum_{j=1}^{n}\sum_{k=1}^{n}\alpha^{(j)}\alpha^{(k)}y^{(j)}y^{(k)}\mathbf{x}^{(j)}\mathbf{x}^{(k)\mathrm{T}} \tag{8.41}$$

ラグランジュ乗数 $\alpha^{(j)}, \beta^{(j)}$ はすべて 0 以上であることと式(8.40) より，以下の式が成り立ちます．

$$0\le\alpha^{(j)}\le C \quad (j=1, 2, \cdots, n) \tag{8.42}$$

$y^{(j)}$ と $\mathbf{x}^{(j)}$ はトレーニングデータのサンプルであり与えられるため，式(8.41) の G は $\alpha^{(j)}$ のみの関数になります．よって式(8.42) の制約条件のもと，式(8.41) の G を $\alpha^{(j)}$ に対して最大化する二次計画問題（最大化もしくは最小化したい関数（G）が変数（$\alpha^{(j)}$）の二次関数であり，制約条件が変数（$\alpha^{(j)}$）の一次関数である最適化問題）[37] を解くと，$\alpha^{(j)}$ が求まります．式(8.36) の $\alpha^{(j)}$ を計算できました．

　次に式(8.36) の u を求めますが，その過程で $\alpha^{(j)}$ の値とそれに対応する（j 番目の）サンプルの特徴について考えます．ラグランジュ乗数とそれと対応する制約式の積が 0 となる条件である，カルーシュ・クーン・タッカー条件（Karush-Kuhn-Tucker condition, KKT 条件）[38] は以下の式で与えられます．

$$\alpha^{(j)}(y^{(j)}f(\mathbf{x}^{(j)})-1+\xi^{(j)})=0 \tag{8.43}$$
$$(C-\alpha^{(j)})\xi^{(j)}=0 \tag{8.44}$$

式(8.43) より，すべてのサンプルにおいて $\alpha^{(j)}=0$ もしくは $y^{(j)}f(\mathbf{x}^{(j)})-1+\xi^{(j)}=0$ となります．$\alpha^{(j)}=0$ のサンプルは式(8.36) の SVM モデルの式にまったく寄与しません．それ以外のサンプルのことをサポートベクターと呼び，式(8.36) の SVM モデルの式はサポートベクターのみによって決まります．

　サポートベクターでは $\alpha^{(j)}\neq0$ であり，$y^{(j)}f(\mathbf{x}^{(j)})-1+\xi^{(j)}=0$ です．さらに，式(8.44) より $0<\alpha^{(j)}<C$ のときは $\xi^{(j)}=0$ となることから，$y^{(j)}f(\mathbf{x}^{(j)})-1=0$ です．これは $y^{(j)}=1$ のとき $f(\mathbf{x}^{(j)})=1$ であり，$y^{(j)}=-1$ のとき $f(\mathbf{x}^{(j)})=-1$ であること，すなわち図 8-9 のマージンの境界上のサンプルであることを意味します．また，これらの各サンプルにおいては $y^{(j)}f(\mathbf{x}^{(j)})-1=0$ より，式(8.30) を用いた以下の式変形により u を計算できます．

$$y^{(j)}(\mathbf{x}^{(j)}\mathbf{a}_{\mathrm{SVM}}+u)-1=0$$
$$u=\frac{1-y^{(j)}\mathbf{x}^{(j)}\mathbf{a}_{\mathrm{SVM}}}{y^{(j)}} \tag{8.45}$$

実際には，マージンの境界上におけるすべてのサンプル，つまり $0<\alpha^{(j)}<C$ を満たすサンプル（$y^{(j)}$ と $\mathbf{x}^{(j)}$）それぞれから式(8.45) により u を計算し，それらの平均値を式(8.36) の最終的な u とします．以上により，SVM モデルの式(8.36) が完成しました．

　$\alpha^{(j)}=0$ のとき式(8.44) より $\xi^{(j)}=0$ となることから，これらの SVM モデルの式に寄与しないサンプルは，マージンの領域の外側にある正しく分類された

サンプルであることがわかります. $0<\alpha^{(j)}<C$ のサンプルは,マージンの境界上におけるサンプル ($\xi^{(j)}=1$) です. $\alpha^{(j)}=C$ のサンプルは,マージンの領域内で正しく分類されたサンプル ($\xi^{(j)}\leq1$) もしくは誤分類されたサンプル ($\xi^{(j)}>1$) です.

j 番目のサンプルに対応する $\alpha^{(j)}$ の値が求まると,その値ごとにサンプルの特徴がわかります. 表8-4に $\alpha^{(j)}$ の値ごとのサンプルの特徴を示します. これらの理由については**発展①**をご覧ください. たとえば $\alpha^{(j)}=0$ のサンプルは SVM モデルの式にまったく寄与せず,$\alpha^{(j)}>0$ のサンプルのみによって SVM モデルの式が決まります. $\alpha^{(j)}>0$ のサンプルは,SVM モデルの構築のために重要なサンプルといえるでしょう.

ここまでの SVM モデルは線形のモデルであり,式(8.38)で各 x の重みを計算できます. 非線形の SVM モデルにするため,$\mathbf{x}^{(i)}$ に非線形の変換(たとえば11.2節の二乗項・交差項を追加するような変換)をします. 変換の関数を g とすると,$\mathbf{x}^{(i)}$ は $g(\mathbf{x}^{(i)})$ となります.

$y^{(i)}$ と $g(\mathbf{x}^{(i)})$ との間で線形の SVM モデルを構築します. 式(8.36)において $\mathbf{x}^{(i)}$ → $g(\mathbf{x}^{(i)})$ とすると,以下の式になります.

$$f(\mathbf{x}^{(i)})=\sum_{j=1}^{n}\alpha^{(j)}y^{(j)}g(\mathbf{x}^{(i)})g(\mathbf{x}^{(j)})^{\mathrm{T}}+u \tag{8.46}$$

さらに,**発展①**において $\alpha^{(j)}$ を求めるために最大化する式(8.41)でも,非線形の変換 g を導入して $\mathbf{x}^{(i)}$ → $g(\mathbf{x}^{(i)})$ としても,結果的に,非線形変換 g 自体を考える必要はなく,非線形変換した2つのサンプル $g(\mathbf{x}^{(i)})$,$g(\mathbf{x}^{(j)})$ の内積のみを考えればよいことがわかります. この内積をカーネル関数と呼び,以下の式で表されます.

$$K(\mathbf{x}^{(i)},\mathbf{x}^{(j)})=g(\mathbf{x}^{(i)})g(\mathbf{x}^{(j)})^{\mathrm{T}} \tag{8.47}$$

K がカーネル関数です. 非線形変換 g 自体ではなくカーネル関数によって非線形

表8-4 $\alpha^{(j)}$ の値ごとのサンプルの説明

$\alpha^{(j)}$ の値	サンプルの説明
$\alpha^{(j)}=0$	マージンの領域の外側で正しく分類されたサンプル. SVM モデルの式に寄与しない
$0<\alpha^{(j)}<C$	マージンの境界上のサンプル. u の計算に使用. サポートベクター
$\alpha^{(j)}=C$	マージンの領域内で正しく分類されたサンプル ($\xi^{(j)}\leq1$) もしくは誤分類されたサンプル ($\xi^{(j)}>1$). サポートベクター

モデルに拡張することをカーネルトリックと呼びます．カーネル関数の例を以下に
示します．

$$K(\mathbf{x}^{(i)}, \mathbf{x}^{(j)}) = \mathbf{x}^{(i)} \mathbf{x}^{(j)\mathrm{T}} \tag{8.48}$$

$$K(\mathbf{x}^{(i)}, \mathbf{x}^{(j)}) = \exp(-\gamma \| \mathbf{x}^{(i)} - \mathbf{x}^{(j)} \|^2) \tag{8.49}$$

$$K(\mathbf{x}^{(i)}, \mathbf{x}^{(j)}) = (1 + \omega_1 \mathbf{x}^{(i)} \mathbf{x}^{(j)\mathrm{T}})^{\omega_2} \tag{8.50}$$

式(8.48)を線形カーネル，式(8.49)をガウシアンカーネル（Gaussian kernel）も
しくは RBF（Radial Basis Function）カーネル，式(8.50)を多項式カーネルと呼び
ます．線形カーネルを用いれば，線形の SVM モデルが得られ，各 x の重みが求ま
ります．カーネル関数における $\gamma, \omega_1, \omega_2$ はハイパーパラメータです．よく用いら
れるのはガウシアンカーネルです．

補 足（カーネル関数）

　カーネル関数を，サンプル間の類似度と考えることもできます．非線形変換 g
を使用する前，つまり線形の SVM モデルでは，カーネル関数は式(8.48)の
$\mathbf{x}^{(i)} \mathbf{x}^{(j)\mathrm{T}}$，つまり i 番目のサンプルの x のベクトルと，j 番目のサンプルの x のベ
クトルとの掛け算（内積）です．ベクトルの要素ごと（特徴量の値ごと）を掛け
て足し合わせたものであるため，特徴量ごとに 2 つのサンプルの値の符号が同じ
であり，ベクトル同士が似ているとき，計算結果は大きくなります．2 つのサン
プル $\mathbf{x}^{(i)}, \mathbf{x}^{(j)}$ が類似しているほど，$\mathbf{x}^{(i)} \mathbf{x}^{(j)\mathrm{T}}$ が大きくなるといえ，カーネル関数
$\mathbf{x}^{(i)} \mathbf{x}^{(j)\mathrm{T}}$ はサンプル $\mathbf{x}^{(i)}$ と $\mathbf{x}^{(j)}$ の間の類似度と考えられます．このとき，非線形
変換 g を使用したときのカーネル関数である式(8.47)は，サンプル $\mathbf{x}^{(i)}, \mathbf{x}^{(j)}$ を
非線形変換したあとの，サンプル間の類似度となります．サンプル間の類似度
を，実空間における類似度（$\mathbf{x}^{(i)} \mathbf{x}^{(j)\mathrm{T}}$）から非線形変換したあとの空間における
類似度 $g(\mathbf{x}^{(i)}) g(\mathbf{x}^{(j)})^{\mathrm{T}}$ に拡張したことになります．サンプル間の内積に限らず，
サンプル間で何らかの類似度を決めてよいということです．適切な非線形変換を
考えることは，変換の候補の数も大きく難しいですが，サンプル間の類似度でし
たら考えやすくなります．カーネル関数のメリットの 1 つです．
　たとえば式(8.49)のガウシアンカーネルにおいて，2 つのサンプル $\mathbf{x}^{(i)}, \mathbf{x}^{(j)}$ に
おけるカーネル関数の値 $K(\mathbf{x}^{(i)}, \mathbf{x}^{(j)})$ は，2 つのサンプル間のユークリッド距離
の二乗に $-\gamma$ を掛けてから exp( ) で変換することで計算できます．あるデー
タセットにおいて $K(\mathbf{x}^{(i)}, \mathbf{x}^{(j)})$ を (i, j) 成分にもつ行列のことをグラム行列と呼
びます．グラム行列の縦と横の長さはそれぞれ n（n はトレーニングデータのサ
ンプル数）で，$n \times n$ の行列です．

式(8.36) およびカーネル関数（式(8.47)）より，SVM モデルの式は以下のように
なります．

$$f(\mathbf{x}^{(i)}) = \sum_{j=1}^{n} \alpha^{(j)} y^{(j)} K(\mathbf{x}^{(i)}, \mathbf{x}^{(j)}) + u \tag{8.51}$$

トレーニングデータを用いて $\alpha^{(j)}, u$ を求めることで，新しい x のサンプルに対し
て y の値（1 もしくは−1）を予測できるようになります．

式(8.49) のガウシアンカーネルを用いた SVM において，ハイパーパラメータ
は C, γ の2つです．それぞれにおける値の候補の例を以下に示します．

✓ $C : 2^{-10}, 2^{-9}, \cdots, 2^9, 2^{10}$ （21 通り）

✓ $\gamma : 2^{-20}, 2^{-19}, \cdots, 2^9, 2^{10}$ （31 通り）

グリッドサーチ（8.6 節参照）により，C, γ のすべての組合せ（21×31＝651 通り）
において，それぞれ CV（8.6 節参照）を行い，CV 後の正解率を計算します．そ
してその正解率が最も大きい C, γ の組合せを選択します．

SVM の実行

本項のサンプル Notebook である sample_program_8_7_1_svm.ipynb で SVM を
実行します．ここではあやめのデータセット（第3章参照）を用います．サンプル
Notebook における本項の最初の8つの Code セルを実行して，8.2 節と同様にデー
タセットを読み込み，トレーニングデータとテストデータとに分割し，トレーニン
グデータおよびテストデータの特徴量の標準化をしましょう．SVM によるクラス
分類を実行するためのライブラリを from sklearn.svm import SVC として取り込み
ます．次の Code セルを実行しましょう．さらに，次のセルを実行して，SVM によ
るクラス分類の実行や結果の格納を行うための変数 model を準備します．model =
SVC(kernel = 'rbf', C = 1, gamma = 1) と書かれたセルを実行しましょう．kernel
にはカーネル関数の種類を，C には式(8.35)の C の値を設定します．今回はガウ
シアンカーネルを用い，とりあえず C を1としています．さらに，ガウシアンカー
ネルを用いていることから，gamma で式(8.50)の γ の値を設定する必要がありま
す．とりあえず γ を1としています（C, γ を CV で最適化する方法をのちほど示し
ます）．なおサンプル Notebook の最後に線形カーネルを用いた例もありますので，
興味のある方はご覧ください．

model.fit(autoscaled_x_train, y_train) と書かれたセルを実行することで，
SVM モデルを構築します．続いて式(8.51) における $\alpha^{(j)} y^{(j)}, u$ を確認します．構
築されたモデル model において，model.support_にサポートベクターとなったサ

ンプルの順番の番号（Python では順番が 0 から始まるため，最初のサンプルは 0 番目になります．注意してください）が，`model.dual_coef_` にそのサポートベクターに対応する $\alpha^{(j)}y^{(j)}$ の値が，`model.intercept_` に u の値があります．また `model.support_` の長さ（要素数）を確認することでサポートベクターとなったサンプルの数がわかります．次の 4 つのセルを実行して，それぞれの結果を確認しましょう．なお `model.dual_coef_` が負の値ということは，$\alpha^{(j)}$ は 0 以上であるため $y^{(j)}$ $=-1$ であることを意味します．また，サポートベクターでないサンプルは，$\alpha^{(j)}y^{(j)}$ $=0$ であり，式 (8.51) の SVM の式にまったく寄与しません．`model.support_` や `model.dual_coef_` を詳細に解析したい方は，8.4 節の OLS 法における標準回帰係数と同様にして，csv ファイルとして保存するとよいでしょう．

　以降のセルでは，8.2 節の k-NN によるクラス分類と同様にして，トレーニングデータおよびテストデータを用いて，各サンプルのクラスの推定，混同行列の作成，正解率の計算を行います．"クロスバリデーションによる C と γ の最適化"まで，18 個の Code セルを各セルの説明を読みながら実行しましょう．

　先ほどは（適当に）C を 1 に，γ を 1 にして SVM モデルを構築しましたが，それぞれ適切な値ではないかもしれません．そこで次に，予測精度の高い SVM モデルを構築できるように C, γ の組合せを最適化します．先述した C, γ それぞれにおける値の候補のすべての組合せ（21×31＝651 通り）において，それぞれ CV（8.6 節参照）を行い，CV 後の正解率が最も大きい C, γ の組合せを選択します．

　C, γ それぞれにおける値の候補を準備するため，NumPy（ナンパイ）[39] というライブラリを用います．一般的には np と名前を省略して import します．該当するセルを実行しましょう．C の候補である $2^{-10}, 2^{-9}, \cdots, 2^9, 2^{10}$ における，べき乗の部分 $-10, -9, \cdots, 9, 10$ を準備するため，関数 `np.arrange( )` を使用します．使い方は 8.6.3 項の関数 `range( )` と似ており，`np.arrange(最初の数, 最後の数+1, 増加量)` とすることで，最初の数，最後の数，増加量（公差）を指定します．次のセルを実行すると，"array([$-10, -9, -8, -7, -6, -5, -4, -3, -2, -1, 0, 1, 2, 3, 4, 5, 6, 7, 8, 9, 10$])"と出力され，$-10, -9, \cdots, 9, 10$ を準備できることを確認しましょう．なお `array([ ])` は，これが array 型であることを表します．array 型について，DataFrame 型（第 3 章参照）と array 型は似て非なるものであり，今はそれ以上のことは気にしなくて構いません．

　先ほど出力した $-10, -9, \cdots, 9, 10$ は整数であり int（2.2 節参照）ですが，2^{-10}, $2^{-9}, \cdots, 2^9, 2^{10}$ は小数を含む数（浮動小数点数）であり，float（2.2 節参照）です．

float にするため，先ほどの np.arange(-10,11,1) から np.arange(-10,11,1.0) に変更します（増加量を 1 から 1.0 に変更しています）．先ほどの 1 では int になりますが，1.0 とすることで float にできます．次の Code セルを実行すると，"array([−10., −9., −8., −7., −6., −5., −4., −3., −2., −1., 0., 1., 2., 3., 4., 5., 6., 7., 8., 9., 10.])" と出力されます．先ほどの "−10" や "−9" ではなく，"−10." や "−9." と小数点が付いており float になったことを確認しましょう．次の 4 つのセルを実行し，C, γ の値の候補を準備し，内容を確認してください．

　続いて準備した C, γ の候補の中から，CV とグリッドサーチにより最適な C, γ の組合せを決めます．今回は 10-fold CV とします．次のセルを実行して fold の数（分割数）である fold_number を 10 としましょう．CV の分割を設定するため，scikit-learn の関数 StratifiedKFold( ) を使用します．次のセルを実行して import したあと，fold = StratifiedKFold(n_splits = fold_number, shuffle = True, random_state = 9) と書かれたセルを実行しましょう．n_splits には fold の数を設定し，shuffle = True とすることでランダムに分割されるようになります．random_state を設定しないと，StratifiedKFold( ) を実行するたびに fold の分割結果が変わってしまいますが，random_state を適当な数字で設定することで分割結果の再現性を担保できます．また，StratifiedKFold( ) を用いることで，クラスごとのサンプルの割合が，fold（グループ）ごとに（今回は 10-fold）同じになるように分割できます．のちに回帰分析における CV で使用する関数 KFold( ) では，そのようなクラスごとのサンプルの割合は考慮されないため注意しましょう．

　CV とグリッドサーチをする際の SVM モデルの設定をするため，model_for_cross_validation = SVC(kernel ='rbf') と書かれたセルを実行しましょう．ここで先ほど行ったような C, γ の設定（C = 1, gamma = 1）がないのは，グリッドサーチにおいて C, γ の値を候補の中で変えながら設定するためです．グリッドサーチの設定をするため，scikit-learn の関数 GridSearchCV( ) を使用します．次のセルを実行して import したあと，gs_cv = GridSearchCV(model_for_cross_validation, {'C':nonlinear_svm_cs, 'gamma':nonlinear_svm_gammas}, cv = fold) と書かれたセルを実行しましょう．（ ）内における最初の model_for_cross_validation は，1 つ前のセルを実行して準備した SVM モデルです．次の {'C':nonlinear_svm_cs, 'gamma': nonlinear_svm_gammas} は，C の候補を（8 つ前のセルで準備した）nonlinear_svm_cs に，gamma の候補を（6 つ前のセルで準備した）nonlinear_

svm_gammas にすることを意味します．最後の cv には（3つ前のセルで準備した）
CV の分割 fold を設定します．その次のセルを実行することで，x のデータセット
を autoscaled_x_train に，y のデータセットを y_train としてグリッドサーチと
CV が行われます．C, γ の値を候補のすべての組合せである 651 回も CV が行われ
るため，終了するまで数分かかる場合があります．終了すると，"In [*]:" の * が
数字に変わり，"Out[数字]:" に "GridSearchCV(...)" と表示されます．実行後の
gs_cv における best_params_ に，CV 後の正解率が最大となる C, γ の値の組合せ
が格納されています．次のセルを実行して，最適な C の値を optimal_nonlinear_
svm_c に，最適な γ の値を optimal_nonlinear_svm_gamma に代入し，さらに次の
2つのセルを実行してそれらの値を確認しましょう．

　グリッドサーチと CV により C, γ の値を最適化したあとは，これらの値を用い
て，先ほどと同様に SVM モデルを宣言してからモデルを構築し，モデルを確認し
てからトレーニングデータやテストデータの予測を行います．各セルを読みながら
実行し，結果を確認しましょう．サンプル Notebook にはさらに，線形カーネルを
用いた SVM のコードがあります．流れはガウシアンカーネルを用いた SVM と同
じですので，各セルを読みながら実行し，結果を確認しましょう．

8.7.2　サポートベクター回帰（Support Vector Regression, SVR）

　サポートベクター回帰（Support Vector Regression, SVR）は，クラス分類手法
である前節の SVM を回帰分析に応用した手法です．基本的には式(8.1)のような
線形の回帰モデルを構築する手法ですが，SVM と同様にカーネルトリックにより
非線形の回帰モデルも構築できます．

　ある1つのサンプル（トレーニングデータにおける i 番目のサンプル）の説明変
数 x のベクトル $\mathbf{x}^{(i)}$ から，目的変数 y の推定値が $f(\mathbf{x}^{(i)})$ で計算されるとします．
なお $\mathbf{x}^{(i)}$ は以下のように表されます．

$$\mathbf{x}^{(i)} = (x_1^{(i)} \quad x_2^{(i)} \quad \cdots \quad x_m^{(i)}) \tag{8.52}$$

m は x の数です．また関数 f は SVR モデルです（まだ f が何かわかりません．こ
れから求めていきます）．

　SVR モデルは線形の回帰モデルと仮定し，回帰係数を以下の $\mathbf{a}_{\mathrm{SVR}}$ とします．

$$\mathbf{a}_{\mathrm{SVR}} = (a_{\mathrm{SVR},1} \quad a_{\mathrm{SVR},2} \quad \cdots \quad a_{\mathrm{SVR},m})^{\mathrm{T}} \tag{8.53}$$

これにより $f(\mathbf{x}^{(i)})$ は以下のように表されます．

$$f(\mathbf{x}^{(i)}) = \mathbf{x}^{(i)} \mathbf{a}_{\mathrm{SVR}} + u \tag{8.54}$$

ここで，u は定数項です．

SVM と同様にして，$\mathbf{x}^{(i)}$ に非線形の変換（たとえば 11.2 節の二乗項・交差項を追加するような変換）をします．変換の関数を g とすると，$\mathbf{x}^{(i)}$ は $g(\mathbf{x}^{(i)})$ となります．それにともない，回帰係数も以下のような $\mathbf{a}_{\mathrm{NSVR}}$ とします（N は Nonlinear の N）．

$$\mathbf{a}_{\mathrm{NSVR}} = (a_{\mathrm{NSVR},1} \quad a_{\mathrm{NSVR},2} \quad \cdots \quad a_{\mathrm{NSVR},k})^{\mathsf{T}} \tag{8.55}$$

k は非線形変換したあとの $g(\mathbf{x}^{(i)})$ の特徴量の数です．ただ $\mathbf{a}_{\mathrm{NSVR}}$ も k も，とりあえずこのように設定しておくだけで，SVM と同様にしてあとに考えなくてもよくなりますので，気にしなくて問題ありません．以上により，式(8.54) は以下のようになります．

$$f(\mathbf{x}^{(i)}) = g(\mathbf{x}^{(i)})\mathbf{a}_{\mathrm{NSVR}} + u \tag{8.56}$$

回帰係数 $\mathbf{a}_{\mathrm{NSVR}}$ を求めることを考えます．8.4 節の OLS 法では，y の実測値と推定値との誤差を小さくなるように決めました．SVR では誤差だけでなく，回帰係数の大きさも一緒に小さくするように，回帰係数を求めます．これにより，回帰係数が必要以上に正にもしくは負に大きくなることでモデルがトレーニングデータにオーバーフィット（8.5 節参照）することを軽減できます．

SVR で最小化する S は以下の式で表されます．

$$S = (\mathbf{a}_{\mathrm{NSVR}}\text{ の大きさに関する項}) + C \times (\text{y の誤差に関する項}) \tag{8.57}$$

C は，8.7.1 項の SVM における C と同様に，式(8.57) における 2 つの項のバランスを調整する重みであり，ハイパーパラメータ（8.6 節参照）です．C が大きいと（y の誤差に関する項）の影響が大きくなるため y の誤差が小さくなりやすく，C が小さいと（$\mathbf{a}_{\mathrm{NSVR}}$ の大きさに関する項）の影響が大きくなるため $\mathbf{a}_{\mathrm{NSVR}}$ の大きさが小さくなりやすいです．

SVR では式(8.57) における（y の誤差に関する項）にも工夫があります．トレーニングデータにおける i 番目のサンプルにおける y の値を $y^{(i)}$ とすると，サンプルごとの誤差 $y^{(i)} - f(\mathbf{x}^{(i)})$ に対して，OLS 法では二乗しましたが，SVR では以下の誤差関数 h を用います．

$$h(y^{(i)} - f(\mathbf{x}^{(i)})) = \max(0, |y^{(i)} - f(\mathbf{x}^{(i)})| - \varepsilon) \tag{8.58}$$

$\max(a, b)$ は，a と b の大きいほうを意味します．式(8.58) は図 8-10 のようになります．$-\varepsilon$ から ε まで誤差の不感帯を設定することで，$-\varepsilon \leq$ 誤差 $\leq \varepsilon$ のとき誤差は 0 とみなされます．これにより，ノイズのような微小な誤差により回帰係数が変化することを軽減でき，ノイズの影響を受けにくいモデルを構築できます．式

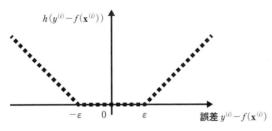

図8-10　SVR の誤差関数（点線）

(8.58) の誤差をすべてのサンプルで足し合わせた以下の式が，式(8.57) における（y の誤差に関する項）です．

$$\sum_{j=1}^{n} h(y^{(j)} - f(\mathbf{x}^{(j)})) = \sum_{j=1}^{n} \max(0, |y^{(j)} - f(\mathbf{x}^{(j)})| - \varepsilon) \tag{8.59}$$

n はトレーニングデータのサンプル数です．なお $-\varepsilon \leq 誤差 \leq \varepsilon$ の領域のことを ε チューブと呼びます．ε はハイパーパラメータです．

式(8.57) における（$\mathbf{a}_{\mathrm{NSVR}}$ の大きさに関する項）は，ベクトル $\mathbf{a}_{\mathrm{NSVR}}$ の大きさを二乗して 0.5 倍したものであり，以下の式で表されます．

$$\frac{1}{2} \| \mathbf{a}_{\mathrm{NSVR}} \|^2 = \frac{1}{2} ((a_{\mathrm{NSVR},1})^2 + (a_{\mathrm{NSVR},2})^2 + \cdots + (a_{\mathrm{NSVR},k})^2) \tag{8.60}$$

以上により式(8.57) は以下の式になります．

$$S = \frac{1}{2} \| \mathbf{a}_{\mathrm{NSVR}} \|^2 + C \sum_{j=1}^{n} \max(0, |y^{(j)} - f(\mathbf{x}^{(j)})| - \varepsilon) \tag{8.61}$$

この S を最小化することで，以下の式が得られます．

$$f(\mathbf{x}^{(i)}) = \sum_{j=1}^{n} (\alpha_{\mathrm{U}}^{(j)} - \alpha_{\mathrm{L}}^{(j)}) g(\mathbf{x}^{(j)}) g(\mathbf{x}^{(i)})^{\mathrm{T}} + u$$
$$= \sum_{j=1}^{n} (\alpha_{\mathrm{U}}^{(j)} - \alpha_{\mathrm{L}}^{(j)}) K(\mathbf{x}^{(i)}, \mathbf{x}^{(j)}) + u \tag{8.62}$$

K は 8.7.1 項の SVM における式(8.47) のカーネル関数です．また，$\alpha_{\mathrm{U}}^{(j)}, \alpha_{\mathrm{L}}^{(j)}$ は S の最小化によって求められるパラメータであり，u はその後 ε チューブ上のサンプル（誤差＝ε もしくは誤差＝$-\varepsilon$ のサンプル）によって計算されます．$\alpha_{\mathrm{U}}^{(j)}, \alpha_{\mathrm{L}}^{(j)}, u$ の導出過程については，次の**発展②**で説明します．興味のある方はご覧いただき，それ以外の方はスキップしてください．

発展②

　式 (8.61) の S を最小化するとき，8.4.2 項の OLS などと同様に $a_{\mathrm{NSVR},j}$ で微分することになりますが，$\max(0, |y^{(j)} - f(\mathbf{x}^{(j)})| - \varepsilon)$ は微分のときに扱いにくいです．そこで SVM でも導入した，サンプルの誤差の大きさを表すスラック変数を用います．j 番目のサンプルにおいて，ε チューブの上側の誤差の大きさを表すスラック変数を $\xi_{\mathrm{U}}^{(j)}(\geq 0)$，$\varepsilon$ チューブの下側の誤差の大きさを表すスラック変数を $\xi_{\mathrm{L}}^{(j)}(\geq 0)$ とすると，図 8-11 のようになります（下付きの U は Upper side，下付きの L は Lower side を意味します）．ε チューブ内や ε チューブ上のサンプルにおいては $\xi_{\mathrm{U}}^{(j)} = \xi_{\mathrm{L}}^{(j)} = 0$ となり，ε チューブの上側のサンプルでは $\xi_{\mathrm{L}}^{(j)} = 0$，$\varepsilon$ チューブの下側のサンプルでは $\xi_{\mathrm{U}}^{(j)} = 0$ となります．$\xi_{\mathrm{U}}^{(j)}, \xi_{\mathrm{L}}^{(j)}$ を用いると，式 (8.61) は以下の式になります．

$$S = \frac{1}{2} \| \mathbf{a}_{\mathrm{NSVR}} \|^2 + C \sum_{j=1}^{n} (\xi_{\mathrm{U}}^{(j)} + \xi_{\mathrm{L}}^{(j)}) \tag{8.63}$$

ただし，$y^{(j)}, f(\mathbf{x}^{(j)}), \varepsilon, \xi_{\mathrm{U}}^{(j)}, \xi_{\mathrm{L}}^{(j)}$ の間の関係（制約条件）は以下のとおりです．

$$f(\mathbf{x}^{(j)}) - \varepsilon - \xi_{\mathrm{L}}^{(j)} \leq y^{(j)} \leq f(\mathbf{x}^{(j)}) + \varepsilon + \xi_{\mathrm{U}}^{(j)} \tag{8.64}$$

そして，すべての制約条件である，

$$\begin{aligned}
\xi_{\mathrm{U}}^{(j)} &\geq 0 \\
\xi_{\mathrm{L}}^{(j)} &\geq 0 \\
f(\mathbf{x}^{(j)}) + \varepsilon + \xi_{\mathrm{U}}^{(j)} - y^{(j)} &\geq 0 \\
y^{(j)} - f(\mathbf{x}^{(j)}) + \varepsilon + \xi_{\mathrm{L}}^{(j)} &\geq 0
\end{aligned} \tag{8.65}$$

を満たしながら，式 (8.63) の S が最小となる $\mathbf{a}_{\mathrm{NSVR}}$ を求めるため，変数に制約条件がある場合の最適化を行うための数学的な方法であるラグランジュの未

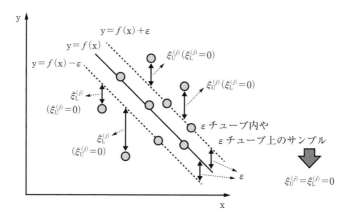

図 8-11 スラック変数 $\xi_{\mathrm{U}}^{(j)}, \xi_{\mathrm{L}}^{(j)}$

定乗数法[20] を用います．$\alpha_U^{(j)}, \alpha_L^{(j)}, \beta_U^{(j)}, \beta_L^{(j)}$（すべて 0 以上）を未知の定数として，以下のように G を準備します．

$$G = -\frac{1}{2}\|\mathbf{a}_{\mathrm{NSVR}}\|^2 + C\sum_{j=1}^{n}(\xi_U^{(j)} + \xi_L^{(j)})$$
$$-\sum_{j=1}^{n}\alpha_U^{(j)}(f(\mathbf{x}^{(j)}) + \varepsilon + \xi_U^{(j)} - y^{(j)}) - \sum_{j=1}^{n}\alpha_L^{(j)}(y^{(j)} - f(\mathbf{x}^{(j)}) + \varepsilon + \xi_L^{(j)})$$
$$-\sum_{j=1}^{n}(\beta_U^{(j)}\xi_U^{(j)} + \beta_L^{(j)}\xi_L^{(j)})$$
$$= -\frac{1}{2}\|\mathbf{a}_{\mathrm{NSVR}}\|^2 + C\sum_{j=1}^{n}(\xi_U^{(j)} + \xi_L^{(j)})$$
$$-\sum_{j=1}^{n}\alpha_U^{(j)}(g(\mathbf{x}^{(j)})\mathbf{a}_{\mathrm{NSVR}} + u + \varepsilon + \xi_U^{(j)} - y^{(j)})$$
$$-\sum_{j=1}^{n}\alpha_L^{(j)}(y^{(j)} - g(\mathbf{x}^{(j)})\mathbf{a}_{\mathrm{NSVR}} - u + \varepsilon + \xi_L^{(j)}) - \sum_{j=1}^{n}(\beta_U^{(j)}\xi_U^{(j)} + \beta_L^{(j)}\xi_L^{(j)})$$

(8.66)

$\mathbf{a}_{\mathrm{NSVR}}, u, \xi_U^{(j)}, \xi_L^{(j)}$ に関して G を最小化し，$\alpha_U^{(j)}, \alpha_L^{(j)}, \beta_U^{(j)}, \beta_L^{(j)}$（すべて 0 以上）に関して G を最大化します．まず，$\mathbf{a}_{\mathrm{NSVR}}, u, \xi_U^{(j)}, \xi_L^{(j)}$ に関して G を最小化します．G が最小値になるということは G は極小値ということであるため，G を $\mathbf{a}_{\mathrm{NSVR}}, u, \xi_U^{(j)}, \xi_L^{(j)}$ でそれぞれ偏微分して 0 とすると，以下の式になります．

$$\frac{\partial G}{\partial \mathbf{a}_{\mathrm{NSVR}}} = 0 \implies \mathbf{a}_{\mathrm{NSVR}} = \sum_{j=1}^{n}(\alpha_U^{(j)} - \alpha_L^{(j)})g(\mathbf{x}^{(j)})^{\mathrm{T}}$$ (8.67)

$$\frac{\partial G}{\partial u} = 0 \implies \sum_{j=1}^{n}(\alpha_U^{(j)} - \alpha_L^{(j)}) = 0$$ (8.68)

$$\frac{\partial G}{\partial \xi_U^{(j)}} = 0 \implies \alpha_U^{(j)} + \beta_U^{(j)} = C \quad (j = 1, 2, \cdots, n)$$ (8.69)

$$\frac{\partial G}{\partial \xi_L^{(j)}} = 0 \implies \alpha_L^{(j)} + \beta_L^{(j)} = C \quad (j = 1, 2, \cdots, n)$$ (8.70)

なお式 (8.67) において，$\mathbf{a}_{\mathrm{NSVR}}$ が縦ベクトルであるため $g(\mathbf{x}^{(j)})^{\mathrm{T}}$ と転置しました．

次に，$\alpha_U^{(j)}, \alpha_L^{(j)}$ を求めます．式 (8.68)〜(8.70) を使用すると，式 (8.66) は以下の式になります．

$$G = -\frac{1}{2}\sum_{j=1}^{n}\sum_{k=1}^{n}(\alpha_U^{(j)} - \alpha_L^{(j)})(\alpha_U^{(k)} - \alpha_L^{(k)})g(\mathbf{x}^{(j)})g(\mathbf{x}^{(k)})^{\mathrm{T}}$$
$$-\varepsilon\sum_{j=1}^{n}(\alpha_U^{(j)} + \alpha_L^{(j)}) + \sum_{j=1}^{n}(\alpha_U^{(j)} - \alpha_L^{(j)})y^{(j)}$$

(8.71)

ラグランジュ乗数 $\alpha_U^{(j)}, \alpha_L^{(j)}, \beta_U^{(j)}, \beta_L^{(j)}$ はすべて 0 以上であることと，式 (8.69)，式 (8.70) より，以下のようになります．

$$0 \leq \alpha_U^{(j)} \leq C, \quad 0 \leq \alpha_L^{(j)} \leq C \quad (j=1, 2, \cdots, n) \tag{8.72}$$

$y^{(j)}$ と $\mathbf{x}^{(j)}$ はトレーニングデータから与えられ, $g(\mathbf{x}^{(j)}) g(\mathbf{x}^{(k)})$ は式 (8.47) の カーネル関数で表され, トレーニングデータを用いて計算できます. ε が事前 に与えられれば, 式 (8.71) の G は $\alpha_U^{(j)}, \alpha_L^{(j)}$ のみの関数になります. よって式 (8.72) の制約条件のもと, 式 (8.71) の G を $\alpha_U^{(j)}, \alpha_L^{(j)}$ に対して最大化する二次 計画問題 (最大化もしくは最小化したい関数 (G) が変数 ($\alpha_U^{(j)}, \alpha_L^{(j)}$) の二次関数 であり, 制約条件が変数 ($\alpha_U^{(j)}, \alpha_L^{(j)}$) の一次関数である最適化問題)[37] を解くと, $\alpha_U^{(j)}, \alpha_L^{(j)}$ が求まります. 式 (8.62) の $\alpha_U^{(j)}, \alpha_L^{(j)}$ が計算できたことになります.

次に式 (8.62) の u を求めますが, その過程で $\alpha_U^{(j)}, \alpha_L^{(j)}$ の値とそれに対応する (j 番目の) サンプルの特徴について考えます. SVM の項と同様に, ラグラン ジュ乗数とそれと対応する制約式の積が 0 となる条件である KKT 条件[38] は 以下の式で与えられます.

$$\alpha_U^{(j)}(f(\mathbf{x}^{(j)}) + \varepsilon + \xi_U^{(j)} - y^{(j)}) = 0 \tag{8.73}$$

$$\alpha_L^{(j)}(y^{(j)} - f(\mathbf{x}^{(j)}) + \varepsilon + \xi_L^{(j)}) = 0 \tag{8.74}$$

$$(C - \alpha_U^{(j)})\xi_U^{(j)} = 0 \tag{8.75}$$

$$(C - \alpha_L^{(j)})\xi_L^{(j)} = 0 \tag{8.76}$$

式 (8.73) より $\alpha_U^{(j)}$ が 0 以外の値となるのは, $(f(\mathbf{x}^{(j)}) + \varepsilon + \xi_U^{(j)} - y^{(j)}) = 0$ つ まり $y^{(j)} = f(\mathbf{x}^{(j)}) + \varepsilon + \xi_U^{(j)}$ となるサンプルのみであり, それらは図 8-11 の ε チューブの上側の境界にあるサンプル ($\xi_U^{(j)} = 0$) か ε チューブの上側の外にあ るサンプル ($\xi_U^{(j)} > 0$) です. 式 (8.74) より $\alpha_L^{(j)}$ が 0 以外の値となるのは, $(y^{(j)} - f(\mathbf{x}^{(j)}) + \varepsilon + \xi_L^{(j)}) = 0$ つまり $y^{(j)} = f(\mathbf{x}^{(j)}) - \varepsilon - \xi_U^{(j)}$ となるサンプルのみであ り, それらは図 8-11 の ε チューブの下側の境界にあるサンプル ($\xi_L^{(j)} = 0$) か ε チューブの下側の外にあるサンプル ($\xi_L^{(j)} > 0$) です.

さらに $(f(\mathbf{x}^{(j)}) + \varepsilon + \xi_U^{(j)} - y^{(j)}) = 0$ と $(y^{(j)} - f(\mathbf{x}^{(j)}) + \varepsilon + \xi_L^{(j)}) = 0$ に着目して 両辺の和をとると, $2\varepsilon + \xi_U^{(j)} + \xi_L^{(j)} = 0$ となり, $\varepsilon > 0$, $\xi_U^{(j)} \geq 0$, $\xi_L^{(j)} \geq 0$ からこの 式は成り立ちません. このことから, $(f(\mathbf{x}^{(j)}) + \varepsilon + \xi_U^{(j)} - y^{(j)}) = 0$ と $(y^{(j)} - f(\mathbf{x}^{(j)}) + \varepsilon + \xi_L^{(j)}) = 0$ が同時に成り立つことはないとわかります. よって, すべてのサンプル ($y^{(j)}, \mathbf{x}^{(j)}$) において, 少なくとも $\alpha_U^{(j)} = 0$ もしくは $\alpha_L^{(j)} = 0$ となります. 1 つ前の段落の話と組み合わせると, 図 8-11 における ε チュー ブの内側にあるサンプルでは, $\alpha_U^{(j)} = \alpha_L^{(j)} = 0$ となります. このようなサンプル は式 (8.62) の SVR モデルの式にまったく寄与しません. それ以外のサンプ ル, つまり ε チューブ上のサンプルもしくは ε チューブの外側のサンプルのこ とをサポートベクターと呼び, 式 (8.62) の SVR モデルの式はサポートベク ターのみによって決まります.

最後に u の計算についてです. $0 < \alpha_U^{(j)} < C$ を満たすサンプル ($y^{(j)}, \mathbf{x}^{(j)}$) は, 式 (8.75) より $\xi_U^{(j)} = 0$ です. よって $y^{(j)} = f(\mathbf{x}^{(j)}) + \varepsilon$ です. この式を, 式 (8.62) を用いて変形すると, 以下の式になります.

$$u=y^{(i)}-\sum_{j=1}^{n}(\alpha_U^{(j)}-\alpha_L^{(j)})K(\mathbf{x}^{(i)},\mathbf{x}^{(j)})-\varepsilon \tag{8.77}$$

また $0<\alpha_L^{(j)}<C$ を満たすサンプル $(y^{(j)},\mathbf{x}^{(j)})$ は，式(8.76)より $\xi_L^{(j)}=0$ です．よって $y^{(j)}=f(\mathbf{x}^{(j)})-\varepsilon$ です．この式を，式(8.62)を用いて変形すると，以下の式になります．

$$u=y^{(i)}-\sum_{j=1}^{n}(\alpha_U^{(j)}-\alpha_L^{(j)})K(\mathbf{x}^{(i)},\mathbf{x}^{(j)})+\varepsilon \tag{8.78}$$

$0<\alpha_U^{(j)}<C$ を満たすサンプルにおいて式(8.77)から u を計算し，$0<\alpha_L^{(j)}<C$ を満たすサンプルにおいて式(8.78)から u を計算し，それらの平均値を最終的な u とします．以上により，SVR モデルの式(8.76)が完成しました．

　j 番目のサンプルに対応する $\alpha_U^{(j)},\alpha_L^{(j)}$ の値が求まると，その値ごとにサンプルの特徴がわかります．表8-5に $\alpha_U^{(j)},\alpha_L^{(j)}$ の値ごとのサンプルの特徴を示します．これらの理由については**発展②**をご覧ください．たとえば $\alpha_U^{(j)}=\alpha_L^{(j)}=0$ のサンプルはSVR モデルの式にまったく寄与せず，$\alpha_U^{(j)}>0$ のサンプルや $\alpha_L^{(j)}>0$ のサンプルのみによって SVR モデルの式が決まります．$\alpha_U^{(j)}>0$ のサンプルや $\alpha_L^{(j)}>0$ のサンプルは，SVR モデルの構築のために重要なサンプルといえるでしょう．

　式(8.62)を見ると，最初に非線形の変換 g を導入したものの，結果的に，非線形変換 g 自体を考える必要はなく，非線形変換した2つのサンプル $g(\mathbf{x}^{(i)}),g(\mathbf{x}^{(j)})$ の内積のみを考えればよいことがわかります．SVM の項で説明したように，この内積をカーネル関数と呼び，非線形変換 g 自体ではなくカーネル関数によって非線形モデルに拡張することをカーネルトリックと呼びます．カーネル関数の詳細やカーネル関数の例については8.7.1項をご覧ください．

　線形カーネルを用いれば，線形の SVR モデルが得られ，回帰係数が求まります（式(8.67)において $g(\mathbf{x}^{(i)})^{\mathrm{T}}=\mathbf{x}^{(i)\mathrm{T}}$ として計算）．式(8.49)，式(8.50)のカーネル

表8-5　$\alpha_U^{(j)}$，$\alpha_L^{(j)}$ の値ごとのサンプルの説明

$\alpha_U^{(j)}$ の値	$\alpha_L^{(j)}$ の値	サンプルの説明
$\alpha_U^{(j)}=0$	$\alpha_L^{(j)}=0$	ε チューブの内側のサンプル．SVR モデルの式に寄与しない
$0<\alpha_U^{(j)}<C$	$\alpha_L^{(j)}=0$	上側の ε チューブ上のサンプル．u の計算に使用．サポートベクター
$\alpha_U^{(j)}=0$	$0<\alpha_L^{(j)}<C$	下側の ε チューブ上のサンプル．u の計算に使用．サポートベクター
$\alpha_U^{(j)}=C$	$\alpha_L^{(j)}=0$	ε チューブの上側のサンプル．サポートベクター
$\alpha_U^{(j)}=0$	$\alpha_L^{(j)}=C$	ε チューブの下側のサンプル．サポートベクター

関数における $\gamma, \omega_1, \omega_2$ はハイパーパラメータです．よく用いられるのはガウシアンカーネルです．

ガウシアンカーネルを用いた SVR において，ハイパーパラメータは C, ε, γ の 3 つあります．それぞれにおける値の候補の例を以下に示します．

- ✓ $C : 2^{-5}, 2^{-4}, \cdots, 2^9, 2^{10}$（16 通り）
- ✓ $\varepsilon : 2^{-10}, 2^{-9}, \cdots, 2^{-1}, 2^0$（11 通り）
- ✓ $\gamma : 2^{-20}, 2^{-19}, \cdots, 2^9, 2^{10}$（31 通り）

CV（8.6 節参照）により C, ε, γ を最適化する際，単純に考えると C, ε, γ のすべての組合せにおいて CV を行い，CV 後の推定値における r^2 が最も大きい C, ε, γ の組合せを選択します．しかし，C, ε, γ のすべての組合せは 5456 通り（＝16×11×31）にもなり，5456 回も CV をする必要があり，とても時間がかかってしまいます．

本書では C, ε, γ を高速に最適化する手法[40]を用います．まずトレーニングデータのグラム行列（カーネル関数の値 $K(\mathbf{x}^{(i)}, \mathbf{x}^{(j)})$ を (i, j) 成分にもつ行列）における全体の分散が最大になるように，γ を 31 通りから 1 つ選びます．y は標準化（オートスケーリング）（5.1 節参照）されている前提のもと，$C=3$ として，ε のみ CV で最適化します．すなわち，ε を変えて 11 回 CV を行い，その中で最も CV 後の r^2 が大きくなる ε を選びます．この値を ε の最適値とします．

次に，ε を上の最適値，γ をグラム行列の分散が最大になるように選んだ値で固定して，C だけ CV で最適化します．すなわち，C を変えて 16 回 CV を行い，その中で最も CV 後の r^2 が大きくなる C を選びます．この値を C の最適値とします．

最後に，γ を CV で最適化します．γ の最適値を先ほどのグラム行列の分散が最大になるように選んだ値としてもよいのですが，CV で最適化したい場合は，C, ε を上の最適値で固定して，γ だけ CV で最適化します．すなわち，γ を変えて 31 回 CV を行い，その中で最も CV 後の r^2 が大きくなる γ を選びます．これを γ の最適値とします．

この方法により，CV の回数を 5456 回から 58 回（＝11+16+31）に減らせます．

SVR の実行

本項のサンプル Notebook である sample_program_8_7_2_svr.ipynb で SVR を実行します．ここでは沸点のデータセット（8.4 節参照）を用います．サンプル Notebook における本項の最初の 9 つの Code セルを実行して，8.4 節と同様にデータセットを読み込み，トレーニングデータとテストデータとに分割し，トレーニングデータおよびテストデータの特徴量の標準化をしましょう．SVR による回帰分

析を実行するためのライブラリを from sklearn.svm import SVR として取り込みます．次の Code セルを実行しましょう．さらに，次のセルを実行して，SVR による クラス分類の実行や結果の格納を行うための変数 model を準備します．model = SVR(kernel ='rbf',C = 1,epsilon = 1,gamma = 1) と書かれたセルを実行しましょう．kernel にはカーネル関数の種類を，C には式(8.61) の *C* の値を，epsilon には同じく式(8.61) の *ε* の値を設定します．今回はガウシアンカーネルを用い，とりあえず *C* を 1 に，*ε* を 1 にしています（CV で最適化する方法をのちほど示します）．さらに，ガウシアンカーネルを用いていることから，gamma で式(8.49) の *γ* の値を設定する必要があります．とりあえず *γ* を 1 としています（CV で最適化する方法をのちほど示します）．なおサンプル Notebook の最後に線形カーネルを用いた例もありますので，興味のある方はご覧ください．

　model.fit(autoscaled_x_train, autoscaled_y_train) と書かれたセルを実行 することで，SVR モデルを構築します．続いて式(8.62) における $\alpha_U^{(i)} - \alpha_L^{(i)}$, *u* を 確認します．構築されたモデル model において，model.support_ にサポートベクターとなったサンプルの順番の番号（Python では順番が 0 からはじまるため，最初のサンプルは 0 番目になります．注意してください）が，model.dual_coef_ にそのサポートベクターに対応する $\alpha_U^{(i)} - \alpha_L^{(i)}$ の値が，model.intercept_ に *u* の値があります．また model.support_ の長さ（要素数）を確認することでサポートベクターとなったサンプルの数がわかります．次の 4 つのセルを実行して，それぞれの結果を確認しましょう．なおサポートベクターでないサンプルは，$\alpha_U^{(i)} - \alpha_L^{(i)} = 0$ であり，式(8.62) の SVR の式にまったく寄与しません．model.support_ や model.dual_coef_ を詳細に解析したい方は，8.4 節の OLS 法における 標準回帰係数と同様にして，csv ファイルとして保存するとよいでしょう．

　以降のセルでは，8.5.4 項の PLS 法による回帰分析と同様にして，トレーニングデータおよびテストデータを用いて，各サンプルの y の値の推定，実測値 vs. 推定値プロットの作成，r^2, MAE の計算を行います．"クロスバリデーションによる *C*, *ε*, *γ* の最適化"まで，20 個の Code セルを各セルの説明を読みながら実行しましょう．

　先ほどは（適当に）*C* を 1 に，*ε* を 1 に，*γ* を 1 にして SVR モデルを構築しましたが，それぞれ適切な値ではないかもしれません．そこで次に，予測精度の高い SVR モデルを構築できるように *C*, *ε*, *γ* の組合せを最適化します．先述した *C*, *ε*, *γ* を高速に最適化する手法を行い，*C*, *ε*, *γ* の組合せを選択します．

C, ε, γ それぞれにおける値の候補の準備は，8.7.1 項における C, γ の準備と同じです．次の 7 つの Code セルを実行して C, ε, γ それぞれにおける値の候補を準備し，内容を確認しましょう．

続いて準備した γ の候補の中から，ガウシアンカーネルのグラム行列の分散が最大となる γ の値を選択します．改めて式 (8.49) のガウシアンカーネルを確認すると，サンプル間（i 番目のサンプルと j 番目のサンプルの間）のユークリッド距離を二乗し，$-\gamma$ を掛けて，exp で変換するとカーネル関数の値になることがわかります．サンプル間のユークリッド距離の二乗を計算するため，SciPy（7.3 節参照）の関数 cdist( ) を用います．次の Code セルを実行しましょう．さらに，次のセルを実行して，トレーニングデータにおけるすべてのサンプル間のユークリッド距離の二乗である変数 square_of_euclidean_distance を準備します．cdist(autoscaled_x_train, autoscaled_x_train, metric ='sqeuclidean') と書かれたセルを実行しましょう．cdist( ) の引数として入力した最初の二つの変数のデータセットにおいて，データセット間のすべてのサンプルの組合せで距離が計算されます．今回は，2 つの引数とも autoscaled_x_train とすることで，（特徴量の標準化が行われた後の）トレーニングデータにおけるすべてのサンプル間の距離が計算されます．metric を 'sqeuclidean' とすることで，距離としてユークリッド距離の二乗が用いられます．その他の距離の指標については 7.3 節や SciPy の公式のウェブサイト[30]をご覧ください．次のセルを実行し，計算された square_of_euclidean_distance の内容を確認しましょう．

square_of_euclidean_distance を用いると，たとえば次のセルのように np.exp(-2* square_of_euclidean_distance) とすることで，γ が 2 のときのガウシアンカーネルのグラム行列を計算できます．実行して結果を確認しましょう．その次のセルを実行することで，γ の値を変えながらグラム行列の分散を追加するための，variance_of_gram_matrix という空の list を作成します．

次の for 文のセルでは，γ の値を事前に設定した候補 nonlinear_svr_gammas の中で順番に変えながら，グラム行列を計算し，その分散を variance_of_gram_matrix に追加しています．実行することで γ の値ごとのグラム行列の分散を計算しましょう．さらに，次の 2 つのセルを実行して，グラム行列の分散が最大となる γ の値を optimal_nonlinear_svr_gamma とし，その値を確認しましょう．

続いて準備した C, ε, γ の候補の中から，CV により最適な C, ε, γ の組合せを，ε, C, γ の順に決めます．今回は 5-fold CV とします．次のセルを実行して fold の数

（分割数）である fold_number を 5 としましょう．CV の分割を設定するため，scikit-learn の関数 KFold( ) を使用します．次のセルを実行して import したあと，fold = KFold(n_splits = fold_number, shuffle = True, random_state = 9) と書かれたセルを実行しましょう．設定の方法および内容は，8.7.1 項の SVM における StratifiedKFold( ) と同じです．また SVM と同じく scikit-learn の関数 GridSearchCV( ) を使用します．次のセルを実行して import しましょう．

　CV をする際の SVR モデルの設定をするため，model_for_cross_validation = SVR(kernel ='rbf', C = 3, gamma = optimal_nonlinear_svr_gamma) と書かれたセルを実行しましょう．ここで先ほど行ったような ε の設定 (epsilon = 1) がないのは，ε の値を候補 nonlinear_svr_epsilons の中で変えながら設定するためです．なお C は 3 に（SVR の説明参照），γ は先ほどグラム行列の最大化により最適化された optimal_nonlinear_svr_gamma に設定されています．続いて gs_cv = GridSearchCV(model_for_cross_validation,{'epsilon':nonlinear_svr_epsilons}, cv = fold) と書かれたセルを実行しましょう．設定の方法および内容は，8.7.1 項の SVM のときと同じです．その次のセルを実行することで，x のデータセットを autoscaled_x_train に，y のデータセットを autoscaled_y_train として，nonlinear_svr_epsilons の候補ごとに CV が行われます．終了すると，"In[*]:" の * が数字に変わり，"Out[数字]:" に "GridSearchCV(...)" と表示されます．実行後の gs_cv における best_params_ に，CV 後の r^2 が最大となる ε の値が格納されています．次のセルを実行して，最適な ε の値を optimal_nonlinear_svr_epsilon に代入し，さらに次のセルを実行してその値を確認しましょう．

　続いて，ε と同様にして，$C, γ$ の順に CV により値を最適化します．それぞれ 5 つずつ（合計 10 個）の Code セルを読みながら実行し，最適な C の値を optimal_nonlinear_svr_c に，最適な γ の値を optimal_nonlinear_svr_gamma に代入し，値を確認しましょう．

　$C, ε, γ$ の値を最適化したあとは，これらの値を用いて，先ほどと同様に SVR モデルを宣言してからモデルを構築し，モデルを確認してからトレーニングデータやテストデータの予測を行います．各セルを読みながら実行し，結果を確認しましょう．サンプル Notebook にはさらに，線形カーネルを用いた SVR のコードがあります．コードの流れはガウシアンカーネルを用いた SVR と同じですので，各セルを読みながら実行し，結果を確認しましょう．

8.7.3 決定木（Decision Tree, DT）

決定木（Decision Tree, DT）は回帰分析にもクラス分類にも用いることができる手法です．クラス分類の場合，DT は図 8-12 のように説明変数 x（$x_1, x_2, \cdots, x_m$）の空間を，各領域内に同じクラスが固まるように適切に領域に分割します．領域に分割されたあと，新しいサンプルに対して推定されるクラスは，そのサンプルの領域におけるトレーニングデータのサンプルのクラスを多数決することによって決まります．たとえば $3 < x_1 \leq 5$ かつ $x_2 \leq 4$ の領域では，クラスが A のサンプルが 1 個，クラスが B のサンプルが 3 個であるため，新たにこの領域に入るサンプルは多数決でクラス B と推定されます．$x_1 \leq 3$ かつ $1 < x_2$ の領域では，クラスが A のサンプルが 3 個，クラスが B のサンプルが 1 個であるため，新たにこの領域に入るサンプルは多数決でクラス A と推定されます．

回帰分析においても空間を適切な領域に分割することは同じです．回帰分析では，図 8-13 のように説明変数 x（$x_1, x_2, \cdots, x_m$）の空間を，各領域内に目的変数 y の値が類似したサンプルのみが存在するように，適切な領域に分割します．領域に分割されたとき，新しいサンプルに対して推定される y の値は，そのサンプルに該当する領域に存在するトレーニングデータのサンプル群における y の値の平均値になります．たとえば $3 < x_1 \leq 5$ かつ $x_2 \leq 4$ の領域には 4 つのサンプルがあり，それぞれの y の値は 2.1，2.0，2.3，2.6 であり，平均値は 2.25 となるため，新たにこの領域に入るサンプルにおける y の推定値は 2.25 です．$x_1 \leq 3$ かつ $1 < x_2$

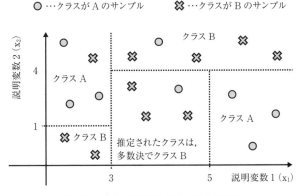

図 8-12 クラス分類における DT の概念図

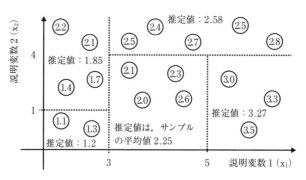

図 8-13 回帰分析における DT の概念図

の領域には 4 つのサンプルがあり，それぞれの y の値は 2.2，2.1，1.4，1.7 であり，平均値は 1.85 となるため，新たにこの領域に入るサンプルにおける y の推定値は 1.85 です．

図 8-12 や図 8-13 のような領域の分割は，それぞれ図 8-14 や図 8-15 の木のような構造で表されます．決定 "木"（Decision "Tree"）という名前は，モデルが "木" の構造で与えられることに由来します（"木" よりも "樹" のほうがイメージしやすいかもしれませんが，本書では慣例に習い決定 "木" と記載します）．図 8-14 や図 8-15 において，それぞれ図 8-12 や図 8-13 の領域に対応するサンプル群をノードと呼び，特に最初のノードを根ノード，末端のノードを葉ノードと呼びます．ノードにおいて，ある x における ある閾値によってサンプル群が分割され，次の 2 つのノードになります．葉ノードにおいてはこれ以上分割されません．

DT では，1 つのノードから 2 つのノードを追加することで，木を深くします．それでは，どのように 2 つのノードを追加するのでしょうか？ つまり，どのように x を 1 つ選んで，どのように閾値を選ぶのでしょうか？ DT では，x と閾値のすべての組合せにおいて，これから説明する評価関数 E の値を計算し，その値が最も小さい x と閾値の組合せに決定します．ちなみに閾値の候補は，x ごとに値の小さい順（もしくは大きい順）にサンプルを並び替えたときに，隣り合う値どうしのちょうど中間の値になります（計算時間の観点から，ランダムに選択されたものの中から決めることもあります）．

評価関数 E は，分割後の 2 つのノードにおけるそれぞれの評価関数 E_1, E_2 の和

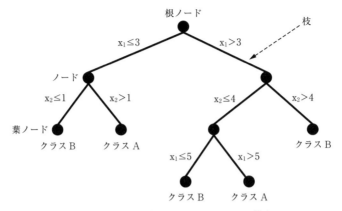

図8-14 クラス分類における DT モデルの構造

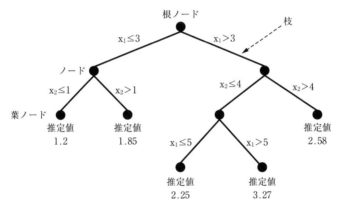

図8-15 回帰分析における DT モデルの構造

で与えられます．

$$E = E_1 + E_2 \tag{8.79}$$

1番目のノードの評価関数を E_1，2番目のノードの評価関数を E_2 としていますが，特にノードの順番は関係ありません．

クラス分類では，E_i（$i=1$ もしくは $i=2$）として，分割後のノードにおいてただ1つのクラスのサンプルだけが多いほど値が小さくなるような関数を用います．一般的にはジニ（Gini）係数やエントロピーが用いられます．ジニ係数は以下の式で与えられます．

$$E_i = \sum_{k=1}^{K} p_{i,k}(1 - p_{i,k}) \tag{8.80}$$

ここで，K はクラスの種類の数，$p_{i,k}$ は i 番目のノードにおける，クラスが k のサンプルの割合です．エントロピーは以下の式で与えられます．

$$E_i = -\sum_{k=1}^{K} p_{i,k} \ln p_{i,k} \tag{8.81}$$

ジニ係数でもエントロピーでも，$p_{i,k}$，すなわち分割後のノードにおける 1 つのクラスのサンプルの割合が大きいほど E_i の値は小さくなります．本書ではジニ係数を用います．ジニ係数で E_1, E_2 を計算し，式 (8.79) で計算された E が最小となる x と閾値の組合せを探索します．

　回帰分析では，E_i（$i=1$ もしくは $i=2$）は，分割後のそれぞれのノードにおける y の誤差の二乗和です．サンプル群が分割されたあと，それぞれのノードにおける y の推定値は，そのノードにおけるサンプル群の y の実測値の平均で与えられ，その平均値と実測値の差の二乗を足し合わせたものが E_i になります．このように E_1, E_2 を計算したあとに式 (8.79) で計算される E が最小となる x とその閾値の組合せを探索します．

　DT モデルにおいては，x の値が四則演算に用いられることはなく，x の値が何らかの閾値より大きいか小さいかのみが必要です．また回帰分析において，y の値は平均値の計算のみに用いられます．そこで，一般的に DT モデルを構築するときは，x や y の標準化（5.1 節参照）は行いません．

　葉ノードにおけるサンプルの数に下限を設定したり，木の深さの上限を設定したりすることで，ノードの分割をストップし，木の深さを調整します．これらの葉ノードにおけるサンプル数の下限値や木の深さの上限値はハイパーパラメータ（8.6 節参照）です．本書では，葉ノードにおけるサンプルの数の下限を 3 とし，木の深さの上限を CV（8.6 節参照）で最適化します．

　DT は図 8-14 や図 8-15 の木のような構造でモデルが与えられるため，モデルを解釈しやすいといえます．しかし，モデルがシンプルであることから，x と y の間の関係が複雑な場合は，推定精度は他の手法と比較して低いことが多いです．また回帰分析において，DT モデルにおける y の推定値は，トレーニングデータのいくつかのサンプルにおける y の平均値であるため，既存のサンプルにおける y の最大値を上回ったり最小値を下回ったりすることはありません．回帰分析において DT モデルを用いるときは注意しましょう．

DT の実行（クラス分類）

本項のサンプル Notebook である sample_program_8_7_3_dt_classification.ipynb でクラス分類の DT を実行します．ここではあやめのデータセット（第 3 章参照）を用います．サンプル Notebook における本項の最初の 5 つの Code セルを実行して，8.2 節と同様にデータセットを読み込み，トレーニングデータとテストデータとに分割しましょう．なお先述したとおり，DT ではトレーニングデータおよびテストデータの特徴量の標準化は行いません．DT によるクラス分類を実行するためのライブラリを from sklearn.tree import DecisionTreeClassifier として取り込みます．次の Code セルを実行しましょう．さらに，次のセルを実行して，DT によるクラス分類の実行や結果の格納を行うための変数 model を準備します．model = DecisionTreeClassifier(max_depth = 3, min_samples_leaf = 3) と書かれたセルを実行しましょう．max_depth には木の深さの最大値を，min_samples_leaf には葉ノードにおける最小サンプル数を設定します．今回はとりあえず，両方とも 3 としています（CV で最適化する方法をのちほど示します）．

model.fit(x_train, y_train) と書かれたセルを実行することで，DT モデルを構築します．続いて構築された DT モデルの内容を確認します．DT モデルは図 8-14 のような構造で与えられ，その内容を dot ファイル（拡張子が dot であるテキストファイル）に保存します．次の 2 つの Code セルを実行して，tree.dot が作成されることを確認しましょう．このファイルを Graphviz[41] というソフトウェア（無料）を用いて開けば，DT モデルの内容を可視化できます．

以降のセルでは，8.2 項の *k*-NN によるクラス分類と同様にして，トレーニングデータおよびテストデータを用いて，各サンプルのクラスの推定, 混同行列の作成, 正解率の計算を行います．"クロスバリデーションによる木の深さの最大値の最適化"まで，18 個の Code セルを各セルの説明を読みながら実行しましょう．

先ほどは（適当に）木の深さの最大値（max_depth）を 3 にして DT モデルを構築しましたが，適切な値ではないかもしれません．そこで次に，予測精度の高い DT モデルを構築できるように木の深さの最大値を最適化します．なお，木の深さの最大値を最適化できれば，葉ノードにおける最小サンプル数（min_samples_leaf）はモデルの予測精度に大きな影響はないため，min_samples_leaf = 3 のままで問題ありません．

最初に，NumPy の関数 numpy.arrange( )（8.7.1 項参照）を用いて，木の深さの最大値の候補を準備します．次の 3 つの Code セルを実行しましょう．続いて

準備した木の深さの最大値の候補の中から，CV により最適な木の深さの最大値を決めます．今回は 10-fold CV とします．次のセルを実行して fold の数（分割数）である fold_number を 10 としましょう．CV の分割を設定するため，scikit-learn の関数 `StratifiedKFold(　)`（8.7.1 項参照）を使用します．次の 2 つのセルを実行しましょう．CV により y の推定値を計算するため，次の Code セルを実行して，scikit-learn の関数 `cross_val_predict(　)`（8.6 節参照）を import します．次のセルを実行して，木の深さの最大値の候補ごとに CV を行ったときの正解率を格納する空の list の変数 `accuracy_cv` を準備します．次のセルでは実際に，木の深さの最大値の候補ごとに CV を実行し，`accuracy_cv` に正解率を格納します．実行しましょう．その計算が終わったあと，次の 2 つのセルを実行して，横軸を木の深さの最大値，縦軸を CV 後の正解率としたプロット（図 8-16）を作成し，結果を確認します．さらに 2 つのセルを実行して，CV 後の正解率が最大となる，木の深さの最大値を `optimal_max_depth` とし，その値を確認しましょう．

　CV により木の深さの最大値を最適化したあとは，これらの値を用いて，先ほどと同様に DT モデルを宣言してからモデルを構築し，モデルの内容を tree.dot にしてからトレーニングデータやテストデータの予測を行います．各セルを読みながら実行し，結果を確認しましょう．

DT の実行（回帰分析）

　本項のサンプル Notebook である sample_program_8_7_3_dt_regression.ipynb で回帰分析の DT を実行します．ここでは沸点のデータセット（8.4 節参照）を用います．サンプル Notebook における本項の最初の 6 つの Code セルを実行して，8.4 節と同様にデータセットを読み込み，トレーニングデータとテストデータとに

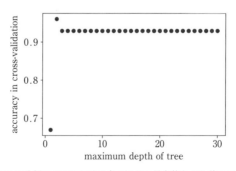

図 8-16　クラス分類の DT における木の深さの最大値と CV 後の正解率の関係

分割しましょう．なお先述したとおり，DT ではトレーニングデータおよびテストデータの特徴量の標準化は行いません．DT による回帰分析を実行するためのライブラリを from sklearn.tree import DecisionTreeRegressor として取り込みます．次の Code セルを実行しましょう．さらに，次のセルを実行して，DT による回帰分析の実行や結果の格納を行うための変数 model を準備します．model = DecisionTreeRegressor(max_depth = 3, min_samples_leaf = 3) と書かれたセルを実行しましょう．max_depth には木の深さの最大値を，min_samples_leaf には葉ノードにおける最小サンプル数を設定します．今回はとりあえず，両方とも 3 としています（のちほど CV で最適化する例も示します）．

　model.fit(x_train, y_train) と書かれたセルを実行することで，DT モデルを構築します．続いて構築された DT モデルの内容を確認します．DT モデルは図 8-15 のような構造で与えられ，その内容をクラス分類のときと同様に dot ファイルに保存します．次の 2 つの Code セルを実行して，tree.dot が作成されることを確認しましょう．このファイルを Graphviz[41] というソフトウェア（無料）を用いて開けば，DT モデルの内容を可視化できます．

　以降のセルでは，8.5.4 項の PLS による回帰分析と同様にして，トレーニングデータおよびテストデータを用いて，各サンプルの y の値の推定，実測値 vs. 推定値プロットの作成，r^2，MAE の計算を行います．"クロスバリデーションによる木の深さの最大値の最適化"まで，18 個の Code セルを各セルの説明を読みながら実行しましょう．

　先ほどは（適当に）木の深さの最大値（max_depth）を 3 にして DT モデルを構築しましたが，適切な値ではないかもしれません．そこで次に，予測精度の高い DT モデルを構築できるように木の深さの最大値を最適化します．なお，木の深さの最大値を最適化できれば，葉ノードにおける最小サンプル数（min_samples_leaf）はモデルの予測精度に大きな影響はないため，min_samples_leaf = 3 のままで問題ありません．

　最初に，NumPy の関数 numpy.arrange( )（8.7.1 項参照）を用いて，木の深さの最大値の候補を準備します．次の 3 つの Code セルを実行しましょう．続いて準備した木の深さの最大値の候補の中から，CV により最適な木の深さの最大値を決めます．今回は 5-fold CV とします．次のセルを実行して fold の数（分割数）である fold_number を 5 としましょう．CV の分割を設定するため，scikit-learn の関数 KFold( )（8.7.2 項参照）を使用します．次の 2 つのセルを実行しましょう．

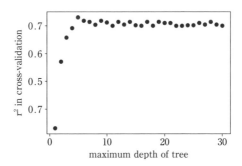

図 8-17　回帰分析の DT における木の深さの最大値と CV 後の r^2 の関係

CV により y の予測値を計算するため，次の Code セルを実行して，scikit-learn の
関数 cross_val_predict( )（8.6 節参照）を import します．次のセルを実行し
て，木の深さの最大値の候補ごとに CV を行ったときの r^2 を格納する空の list の
変数 r2cvs を準備します．次のセルでは実際に，木の深さの最大値の候補ごとに
CV を実行し，r2cvs に正解率を格納します．実行しましょう．その計算が終わっ
たあと，次の 2 つのセルを実行して，横軸を木の深さの最大値，縦軸を CV 後の
r^2 としたプロット（図 8-17）を作成し，結果を確認します．さらに 2 つのセルを
実行して，CV 後の r^2 が最大となる，木の深さの最大値を optimal_max_depth と
し，その値を確認しましょう．

　CV により木の深さの最大値を最適化したあとは，これらの値を用いて，先ほど
と同様に DT モデルを宣言してからモデルを構築し，モデルの内容を tree.dot にし
てからトレーニングデータやテストデータの予測を行います．各セルを読みながら
実行し，結果を確認しましょう．

8.7.4　ランダムフォレスト（Random Forests, RF）

　ランダムフォレスト（Random Forests, RF）では，前節の DT モデルをたくさん
構築します．新しいサンプルにおける目的変数 y の推定をするとき，クラス分類
であれば，各 DT モデルの推定結果の多数決をとります．回帰分析であれば，y の
推定値は，すべての DT モデルの y の推定値の平均値です．このように複数のモ
デルを構築して，それらを総合的に用いて新しいサンプルの y を推定する方法を
アンサンブル学習法と呼びます．

　図 8-18 が RF の概念図です．RF ではサンプルをランダムに選び，さらに説明変

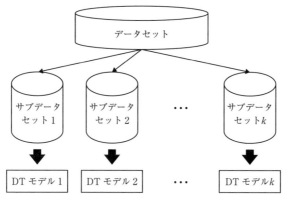

図 8-18 RF の概念図

数 x をランダムに選ぶことで，新たな（部分的な）データセットを複数つくります．新たなデータセットのことをサブデータセットと呼び，サブデータセットごとに前節の DT モデルを構築します．各サブデータセットは，サンプルや x が異なるため，異なる DT モデルが構築されます．サブデータセットの数（＝DT モデルの数）k はハイパーパラメータであり，事前に決める必要があります．

　サブデータセットを作成するとき，サンプルに関しては，もとのデータセットのサンプル数を n とすると，サンプルの重複を許してランダムに n 個のサンプルを選択します．もとのデータセットのサンプル数と同じ数だけ，重複を許して選択するため，複数回選択されるサンプルもあれば，選択されないサンプルもあります．x に関しては，もとのデータセットの x の数を m とすると，m 個の x の中から重複を許さずにランダムに p 個選択します．$p<m$ のとき，選択されない x はありますが，複数回選択される x はありません．また $p=m$ のときはすべての x が選択されることを意味します．p はハイパーパラメータであり事前に決める必要があります．

　サンプルと x が同時に選択されたサブデータセットごとに DT モデルが構築され，それらをまとめたものが RF モデルです．新しいサンプルの x の値が RF モデルに入力されると，まずすべての（k 個の）DT モデルにより y が推定されます．クラス分類においては，推定された k 個のカテゴリーを多数決した結果が RF モデルの推定結果となります．回帰分析においては，k 個の DT モデルにより推定された（k 個の）値を平均したものが RF モデルの推定値となります．回帰分析におい

て，各 DT モデルからの推定値はトレーニングデータのサンプルにおける y の平均値になるため，RF でも DT と同様に，既存のサンプルにおける y の最大値を上回ったり最小値を下回ったりすることはありません．注意しましょう．

　RF では x ごとの重要度を計算できます．j 番目の x の重要度 I_j を計算するために，j 番目の x が用いられたすべての DT モデルにおいて，j 番目の x で分割したノード t で以下の値を求めます．

$$\frac{n_t}{n} \Delta E_t \tag{8.82}$$

ここで n_t は t における分割前のサンプル数，ΔE_t は t においてサンプルを分割したことによる式(8.79)の E の変化です．式(8.82)を，j 番目の x が用いられたすべての DT モデルおよびすべてのノードで足し合わせ，サブデータセットの数で割ることで，以下のように j 番目の x の重要度が計算されます．

$$I_j = \frac{1}{k} \sum_T \sum_{t \in T, j} \frac{n_t}{n} \Delta E_t \tag{8.83}$$

　サブデータセットを作成するとき，サンプルの重複を許してランダムに n 個のサンプルが選択されます．サブデータセットごとに選択されないサンプルが存在することになり，これらのサンプルのことを Out-Of-Bag（OOB）と呼びます．OOB により，CV（8.6 節参照）と同様にして，外部データに対する推定性能を評価できます．i 番目のサンプルが用いられていない（i 番目のサンプルが OOB となる）DT モデルだけ集めて，i 番目のサンプルにおける y を推定します．クラス分類では，これらの推定結果の多数決をとり，i 番目のサンプルの y の推定結果とします．回帰分析では，これらの推定値の平均値を i 番目のサンプルの y の推定値とします．RF では，CV の推定値の代わりに，OOB の推定値に基づいてハイパーパラメータを選択できます．たとえば，実測値と OOB の推定値との間で，クラス分類では正解率（8.2.2 項参照），回帰分析では r^2（8.4.3 項参照）を計算し，それらが最大になるように RF のハイパーパラメータを決めることがあります．CV のようにサンプルを分割して何度もモデル構築と予測を繰り返す必要はないため，OOB を用いることで効率的にハイパーパラメータを選択できます．なお OOB を用いた x の重要度[42]もありますが，本書では式(8.83)の重要度を用います．

　DT モデルと同様にして RF モデルにおいても，一般的に x や y の標準化（5.1 節参照）は行いません．

RF の実行（クラス分類）

本項のサンプル Notebook である sample_program_8_7_4_rf_classification.ipynb でクラス分類の RF を実行します．ここではあやめのデータセット（第 3 章参照）を用います．サンプル Notebook における本項の最初の 5 つの Code セルを実行して，8.2 節と同様にデータセットを読み込み，トレーニングデータとテストデータとに分割しましょう．なお先述したとおり，DT と同様に RF でも，トレーニングデータおよびテストデータの特徴量の標準化は行いません．RF によるクラス分類を実行するためのライブラリを from sklearn.ensemble import RandomForestClassifier として取り込みます．次の Code セルを実行しましょう．さらに，次のセルを実行して，RF によるクラス分類の実行や結果の格納を行うための変数 model を準備します．model = RandomForestClassifier(n_estimators = 500, max_features = 0.5, oob_score = True) と書かれたセルを実行しましょう．n_estimators にはサブデータセット（もしくは DT モデル）の数を，max_features には選択する x の割合を設定します．今回はとりあえず，サブデータセットの数を 500，選択する x の割合を 0.5 としています（OOB における正解率で最適化する方法をのちほど示します）．なお max_features が小数の場合は選択する x の割合ですが，整数とすることで選択する x の数を設定できます．また，oob_score = True とすることで，OOB における正解率が計算されます．

model.fit(x_train, y_train) と書かれたセルを実行することで，RF モデルを構築します．続いて構築された RF モデルにおける x の重要度を確認します．model.feature_importances_ と書かれたセルを実行すると，x の重要度を表示できます．さらに，次の 5 つのセルで DataFrame 型への変換や csv ファイルへの保存などを行います．各セルの説明を読みながら実行しましょう．続いて，model.oob_score_ と書かれたセルを実行すると，OOB における正解率を表示できます．

以降のセルでは，8.4 節の k-NN によるクラス分類と同様にして，トレーニングデータおよびテストデータを用いて，各サンプルのクラスの推定，混同行列の作成，正解率の計算を行います．"OOB を用いた説明変数 x の割合の最適化"まで，18 個の Code セルを各セルの説明を読みながら実行しましょう．

先ほどは（適当に）選択する x の割合（max_features）を 0.5 にして RF モデルを構築しましたが，適切な値ではないかもしれません．そこで次に，予測精度の高い RF モデルを構築できるように選択する x の割合を最適化します．なお，サブデータセット（もしくは DT モデル）の数（n_estimators）は十分に大きい値で

あればよいため，n_estimators＝500 のままで問題ありません．

　最初に，NumPy の関数 `numpy.arrange( )`（8.7.1 項参照）を用いて，選択する x の割合の候補を準備します．次の 3 つの Code セルを実行しましょう．続いて準備した選択する x の割合の候補の中から，OOB における正解率により選択する x の割合を決めます．選択する x の割合の候補ごとの OOB における正解率を格納する空の list の変数 `accuracy_oob` を準備します．次のセルでは実際に，選択する x の割合の候補ごとに RF モデルを構築し，`accuracy_oob` に OOB における正解率を格納します．実行しましょう．その計算が終わったあと，次の 2 つのセルを実行して，横軸を選択する x の割合，縦軸を OOB における正解率としたプロット（図 8-19）を作成し，結果を確認します．さらに 2 つのセルを実行して，OOB における正解率が最大となる，選択する x の割合を `optimal_ratio_of_x` とし，その値を確認しましょう．

　OOB における正解率により選択する x の割合を最適化したあとは，これらの値を用いて，先ほどと同様に RF モデルを宣言してからモデルを構築し，x の重要度を確認してからトレーニングデータやテストデータの予測を行います．各セルを読みながら実行し，結果を確認しましょう．

RF の実行（回帰分析）

　本項のサンプル Notebook である sample_program_8_7_4_rf_regression.ipynb で回帰分析の RF を実行します．ここでは沸点のデータセット（8.4 節参照）を用います．サンプル Notebook における本項の最初の 6 つの Code セルを実行して，8.4 節と同様にデータセットを読み込み，トレーニングデータとテストデータに分割し

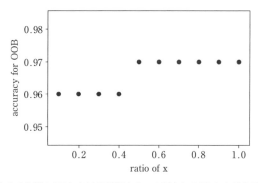

図 8-19　クラス分類の RF における選択する x の割合と OOB における正解率の関係

ましょう．なお先述したとおり，DT と同様に RF でも，トレーニングデータおよびテストデータの特徴量の標準化は行いません．RF による回帰分析を実行するためのライブラリを from sklearn.ensemble import RandomForestRegressor として取り込みます．次の Code セルを実行しましょう．さらに，次のセルを実行して，RF による回帰分析の実行や結果の格納を行うための変数 model を準備します．model = RandomForestRegressor(n_estimators = 500, max_features = 0.5, oob_score = True) と書かれたセルを実行しましょう．n_estimators にはサブデータセット（もしくは DT モデル）の数を，max_features には選択する x の割合を設定します．今回はとりあえず，サブデータセットの数を 500，選択する x の割合を 0.5 としています（OOB における r^2 で最適化する方法をのちほど示します）．なお max_features が小数の場合は選択する x の割合ですが，整数とすることで選択する x の数を設定できます．

　model.fit(x_train, y_train) と書かれたセルを実行することで，RF モデルを構築します．続いて構築された RF モデルにおける x の重要度を確認します．model.feature_importances_ と書かれたセルを実行すると，x の重要度を表示できます．さらに，次の 5 つのセルで DataFrame 型への変換や csv ファイルへの保存などを行います．各セルの説明を読みながら実行しましょう．続いて，model.oob_score_ と書かれたセルを実行すると，OOB における r^2 を表示できます．

　以降のセルでは，8.5.4 項の PLS 法による回帰分析と同様にして，トレーニングデータおよびテストデータを用いて，各サンプルの y の値の推定，実測値 vs. 推定値プロットの作成，r^2, MAE の計算を行います．"OOB を用いた説明変数 x の割合の最適化" まで，18 個の Code セルを各セルの説明を読みながら実行しましょう．

　先ほどは（適当に）選択する x の割合（max_features）を 0.5 にして RF モデルを構築しましたが，適切な値ではないかもしれません．そこで次に，予測精度の高い RF モデルを構築できるように選択する x の割合を最適化します．なお，サブデータセット（もしくは DT モデル）の数（n_estimators）は十分に大きい値であればよいため，n_estimators＝500 のままで問題ありません．

　最初に，NumPy の関数 numpy.arrange( )（8.7.1 項参照）を用いて，選択する x の割合の候補を準備します．次の 3 つの Code セルを実行しましょう．続いて準備した選択する x の割合の候補の中から，OOB における正解率により選択する x の割合を決めます．選択する x の割合の候補ごとの OOB における r^2 を格納する空の list の変数 r2_oob を準備します．次のセルでは実際に，選択する x の割合

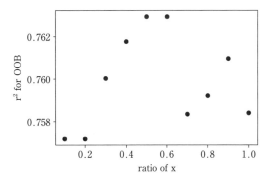

図 8-20　回帰分析の RF における選択する x の割合と OOB における r^2 の関係

の候補ごとに RF モデルを構築し，r2_oob に OOB における r^2 を格納します．実行しましょう．その計算が終わったあと，次の 2 つのセルを実行して，横軸を選択する x の割合，縦軸を OOB における r^2 としたプロット（図 8-20）を作成し，結果を確認します．さらに 2 つのセルを実行して，OOB における r^2 が最大となる，選択する x の割合を optimal_ratio_of_x とし，その値を確認しましょう．

　OOB における正解率により選択する x の割合を最適化したあとは，これらの値を用いて，先ほどと同様に RF モデルを宣言してからモデルを構築し，x の重要度を確認してからトレーニングデータやテストデータの予測を行います．各セルを読みながら実行し，結果を確認しましょう．

8.8　ダブルクロスバリデーション （Double Cross-Validation, DCV）

　本章におけるクラス分類や回帰分析では，与えられたデータセットのサンプルをトレーニングデータとテストデータに分割し，トレーニングデータのみ用いてモデルを構築してから，テストデータでそのモデルの予測精度を検証しました．これは，最終的に用いるモデルを構築するクラス分類手法や回帰分析手法を選択するためです．本章ではクラス分類手法や回帰分析手法として以下の手法を扱いました．

●クラス分類手法

✓　k 近傍法（k-Nearest Neighbors algorithm, k-NN）

✓　サポートベクターマシン（Support Vector Machine, SVM）

　✓　決定木（Decision Tree, DT）

　✓　ランダムフォレスト（Random Forest, RF）

●回帰分析手法

　✓　k 近傍法（k-Nearest Neighbors algorithm, k-NN）

　✓　最小二乗（Ordinary Least Squares, OLS）法による線形重回帰分析

　✓　部分的最小二乗（Partial Least Squares, PLS）法による線形重回帰分析

　✓　サポートベクター回帰（Support Vector Regression, SVR）

　✓　決定木（Decision Tree, DT）

　✓　ランダムフォレスト（Random Forest, RF）

クラス分類でも回帰分析でも，最終的に使用するモデルを構築するための手法を選択する必要があります．ベストな手法が存在するわけではなく，手法の良し悪しはデータセットに依存するため，データセットごとに各手法を評価して，良好な結果となる手法を選びます．評価のとき，トレーニングデータにおけるモデルの精度しか見ないと，オーバーフィッティング（8.5 節参照）の問題を回避できないため，トレーニングデータとは別にテストデータを準備して，テストデータにおけるモデルの推定精度を評価します．

　このようにトレーニングデータとは別のサンプルを残しておくことで，新たなサンプルに対する推定精度を評価できますが，最初のデータセットにおけるサンプルが少ないとき（たとえば 30 サンプル），トレーニングデータとテストデータに分けることで，モデルを構築するためのサンプルの数がもとのデータセットのサンプル数の 70 % から 80 % になり，サンプルがさらに少なくなってしまいます．これでは安定的にモデルを構築することができません．また，トレーニングデータのサンプルを増やすと，テストデータのサンプルが少なくなってしまい，安定的にモデルを評価することができません．（真の推定精度は低いにもかかわらず）偶然に推定結果が実際のサンプルと一致した手法が選択されてしまう危険があります．

　トレーニングデータのサンプルを増やしたい一方で，テストデータのサンプルも増やしたい，このジレンマを解決するため，ダブルクロスバリデーション（Double Cross-Validation, DCV）[43] が用いられます．8.6 節で解説したクロスバリデーション（Cross-Validation, CV）と名前が似ており，あとで詳しく解説するように実際の内容も，名前のとおり CV を二重（double）にして（入れ子にして）行うものですが，DCV と CV は目的が異なるため注意してください．CV は各手法におけるハイパーパラメータを選択するために用いられ，DCV は手法を選択するために用

いられます．DCV の目的は，トレーニングデータとテストデータを分割してモデルの推定性能を検証する目的と同じです．

　DCV の概要を図 8-21 に示します．図 8-7 と対比してご覧ください．図 8-21 には CV の図が 2 つあります．上の CV を外側の CV，下の CV を内側の CV と呼びます．図 8-21 では簡単のため，外側の CV でも内側の CV でも 3-fold としています．外側の CV では，トレーニングデータとテストデータに分けることと同じです．図 8-21 では 3 回（①②③），トレーニングデータとテストデータに分割してい

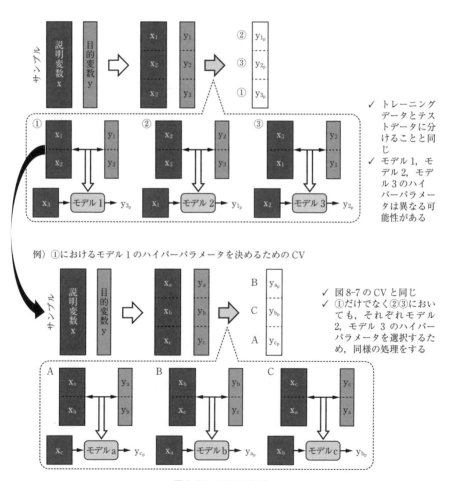

図 8-21　DCV の概要

るとお考えください．①②③における，それぞれモデル 1，モデル 2，モデル 3 の
ハイパーパラメータを決めるため，内側の CV（下の CV）が行われます．これは
図 8-7 の CV と同じです．

この DCV における外側の CV の推定結果と実際の y を比較することで，モデルの
推定精度を検証します．検証の方法については 8.2.2 項や 8.4.3 項をご覧ください．

図 8-21 の説明では，外側の CV でも内側の CV でも 3-fold としましたが，先述
したとおり基本的にサンプル数が小さいときに DCV が用いられるため，外側の
CV ではサンプル数だけ分割する leave-one-out であることが多いです．

SVM を用いた DCV の実行（クラス分類）

クラス分類の例として，ガウシアンカーネルを用いた SVM により DCV を実行
します．サンプル Notebook は sample_program_8_8_svm.ipynb です．ここではあ
やめのデータセット（第 3 章参照）を用います．サンプル Notebook における最初
の 5 つの Code セルを実行して，8.2 節と同様にデータセットを読み込みましょう．

外側の CV による y の推定結果を格納するための変数 estimated_y_in_outer_cv
を，実際の y をコピーすることで準備します．estimated_y_in_outer_cv = y.copy
( ) と書かれたセルを実行し，さらに次のセルを実行して内容を確認しましょう．
次の 2 つのセルを実行して，外側の CV の fold 数と内側の CV の fold 数を順に設
定します．ここでは外側を 10-fold CV，内側を 5-fold CV としています．サンプル
数が小さいときは，outer_fold_number をデータセットのサンプル数とすること
で，外側の CV を leave-one-out CV にでき，より多くのサンプルでモデル構築を
することができます．

続いて外側の CV における分割の設定をします．まず fold の番号を格納するた
めの変数を空の list で準備します．indexes =[]と書かれたセルを実行しましょう．
次に for 文により，サンプルごとに順番を外側の CV の fold 数 outer_fold_number
で割った余りを indexes に追加します．これにより indexes に 0, 1, …, (outer_
fold_number−1）が，サンプル数だけ繰り返し格納されます．対象のセルを実行
し，さらに次のセルを実行して indexes の内容を確認しましょう．なおサンプル
Notebook には，参考 1 としてリスト内包表記という for 文によりシンプルに list
を準備する方法の例が，参考 2 として for 文を使わずに indexes を準備する例があ
ります．参考にしてください．

続いて，準備した indexes をシャッフルします．シャッフルには NumPy の関
数 numpy.random.permutation( ) を用います．次の 3 つの Code セルを実行し，

indexes をシャッフルして `fold_index_in_outer_cv` とし，その内容を確認しましょう．同じ数値に対応するサンプルが，同じ fold になります．なお，シャッフルするとはいえ結果の再現性を担保するため，`numpy.random.seed(　)` で乱数の種を固定しています．（　）内の整数を同じにすることで，シャッフルしても同じ結果を得ることができます．シャッフルしたあとは，`np.random.seed(　)` として乱数の種の固定を解除しています．

ガウシアンカーネルを用いた SVM で DCV をするため，C, γ それぞれにおける値の候補を準備し，内側の CV における分割および SVM モデルやグリッドサーチの設定を行います．必要に応じて 8.7.1 項も参考にしながら，10 個の Code セルの説明を読みながら実行しましょう．

次の Code セルで DCV を実行します．for 文で fold ごとに，トレーニングデータとテストデータの分割，特徴量の標準化（オートスケーリング），内側の CV におけるグリッドサーチの実行，トレーニングデータを用いたモデル構築，テストデータの推定を行っています．なお一般的に DCV は計算が終了するまで時間がかかるため，進捗状況がわかるように print 文で fold の番号を表示するようにしています．DCV の計算が終了したら，次のセルを実行して DCV における推定結果 `estimated_y_in_outer_cv` の内容を確認しましょう．

以降のセルでは，8.2 項の k-NN によるクラス分類と同様にして，混同行列の作成と正解率の計算を行います．各セルを読みながら実行し，結果を確認しましょう．

SVR を用いた DCV の実行（回帰分析）

回帰分析の例として，ガウシアンカーネルを用いた SVR により DCV を実行します．サンプル Notebook は sample_program_8_8_svr.ipynb です．ここでは沸点のデータセット（8.4 節参照）を用います．サンプル Notebook における最初の 4 つの Code セルを実行して，8.4 節と同様にデータセットを読み込みましょう．

外側の CV による y の推定結果を格納するための変数 `estimated_y_in_outer_cv` を，実際の y をコピーすることで準備します．`estimated_y_in_outer_cv = y.copy()` と書かれたセルを実行し，さらに次のセルを実行して内容を確認しましょう．次の 2 つのセルを実行して，外側の CV の fold 数と内側の CV の fold 数を順に設定します．ここでは外側を 10-fold CV，内側を 5-fold CV としています．サンプル数が小さいときは，`outer_fold_number` をデータセットのサンプル数とすることで，外側の CV を leave-one-out CV にでき，より多くのサンプルでモデル構築をすることができます．

　続いて外側の CV における分割の設定をします．まず fold の番号を格納するための変数を空の list で準備します．indexes =[] と書かれたセルを実行しましょう．次に for 文により，サンプルごとに順番を外側の CV の fold 数 outer_fold_number で割った余りを indexes に追加します．これにより indexes に 0, 1, …, (outer_fold_number−1) が，サンプル数だけ繰り返し格納されます．対象のセルを実行し，さらに次のセルを実行して indexes の内容を確認しましょう．なおサンプル Notebook には，参考 1 としてリスト内包表記という for 文によりシンプルに list を準備する方法の例が，参考 2 として for 文を使わずに indexes を準備する例があります．参考にしてください．

　続いて，準備した indexes をシャッフルします．シャッフルには NumPy の関数 numpy.random.permutation( ) を用います．次の 3 つの Code セルを実行し，indexes をシャッフルして fold_index_in_outer_cv とし，その内容を確認しましょう．同じ数値に対応するサンプルが，同じ fold になります．なお，シャッフルするとはいえ結果の再現性を担保するため，numpy.random.seed( ) で乱数の種を固定しています．( ) 内の整数を同じにすることで，シャッフルしても同じ結果を得ることができます．シャッフルしたあとは，np.random.seed( ) として乱数の種の固定を解除しています．

　ガウシアンカーネルを用いた SVR で DCV をするため，C, ε, γ それぞれにおける値の候補を準備し，内側の CV における分割および SVR モデルやグリッドサーチの設定を行います．必要に応じて 8.7.2 項も参考にしながら，9 個の Code セルの説明を読みながら実行しましょう．

　次の Code セルで DCV を実行します．for 文で fold ごとに，トレーニングデータとテストデータの分割，特徴量の標準化（オートスケーリング），8.7.2 項と同様の方法によるハイパーパラメータの最適化，トレーニングデータを用いたモデル構築，テストデータの推定を行っています．なお一般的に DCV は計算が終了するまで時間がかかるため，進捗状況がわかるように print 文で fold の番号を表示するようにしています．DCV の計算が終了したら，次のセルを実行して DCV における推定結果 estimated_y_in_outer_cv の内容を確認しましょう．

　以降のセルでは，8.4 節の PLS 法による回帰分析と同様にして，y の実測値 vs. 推定値プロットの作成と r^2, MAE の計算を行います．各セルを読みながら実行し，結果を確認しましょう．

8.9　化学・化学工学での応用

　クラス分類は，たとえば原材料の特性から製造できる製品の品質グレードを推定
したり，材料開発において実験する前に実験条件から実験結果を推定したり，スペ
クトル分析結果から対象物質の品質グレードを推定したり，プラントのセンサー測
定値からプロセスがどのような状態にあるのかを推定したりすることなどに応用で
きます．皆さんの手元のデータセットで同じような事例がないか探し，実際にクラ
ス分類をしてみましょう．

　回帰分析は，たとえば原材料の特性から製造できる製品の推定や材料開発での実
験条件による実験結果の推定，スペクトル分析結果を利用した対象物質の品質の推
定，プラントのセンサー測定値を用いたプロセス状態の推定など，さまざまな分野
に応用できます．皆さんの手元のデータセットで同じような事例がないか探し，実
際に回帰分析をしてみましょう．

9

モデルの推定結果の信頼性を議論する

第8章では，回帰分析やクラス分類ができるようになり，またテストデータや交差検証もしくはクロスバリデーション（Cross-Validation, CV）により，回帰モデルやクラス分類モデルを検証できるようになりました．さらに，プログラムで for 文，if 文を利用することでさまざまな解析ができるようになりました．本章は，モデルの適用範囲（Applicability Domain, AD）を扱います．AD を用いて回帰分析やクラス分類における推定結果の信頼性を議論できるようになることを目標とします．

サンプル Notebook は sample_program_9.ipynb です．8.4 節と同様の沸点が測定された化合物のデータセット[17]を用います．

9.1　目的変数の推定に用いる最終的なモデル

本書では，クラス分類や回帰分析において以下の流れでデータ解析をしました．
① データセットを準備する
② データセットをトレーニングデータとテストデータに分ける
③ 特徴量の標準化（オートスケーリング）をする
④ ハイパーパラメータがあれば，トレーニングデータを用いて CV によりハイパーパラメータの値を決める
⑤ トレーニングデータでモデルを構築する
⑥ テストデータでモデルの推定性能を検証する
8.8 節では，②と④でデータセットをトレーニングデータとテストデータに分けてテストデータでモデルの推定性能を検証することの代替案として，ダブルクロスバリデーション（Double Cross-Validation, DCV）を解説しました．

　たとえば，回帰分析の場合，テストデータを用いたモデルの推定性能の検証にお
いて，k 近傍法（k-Nearest Neighbors algorithm, k-NN）によるモデルや PLS 法
によるモデルなどを比較して，最良の結果を示すモデルを選びます．1 つのモデル，
たとえば PLS モデルが選ばれたとします．ただし，この PLS モデルが最終的なモ
デルではありません．トレーニングデータとテストデータを合わせて，つまりデー
タセットのすべてのサンプルを用いて，CV に基づいて主成分の数を決め，その主
成分数で PLS モデルを構築します．このモデルが最終的なモデルです．目的変数
y の値が未知のサンプルにおいて，説明変数 x の値をモデルに入力して，y の値を
推定します．クラス分類についても同様です．

9.2　モデルの適用範囲（Applicability Domain, AD）

　どのようなサンプルでも x の値をモデルに入力することで y の値を推定できま
す．しかし，その推定値を信頼できるかどうかは別の話です．たとえば，炭化水素
化合物のみのデータセットを用いて，特徴量（記述子）と沸点の間で回帰モデルを
構築したとしましょう．このモデルに水酸基をもつ化合物の記述子の値を入力して
も，沸点に対する水素結合の影響はモデルにおいて考慮されていないため，沸点の
推定値は適切でないと考えられます．炭化水素化合物のみで構築されたモデルは，
基本的には炭化水素化合物における推定にしか使用できません．

　回帰モデルやクラス分類モデルが本来の推定性能，つまりモデルを構築する際に
用いたデータセットに対して示す性能を発揮できる x のデータ領域のことを AD
と呼びます．新しいサンプルにおける x の値がモデルに入力されたとき，AD 内で
あれば推定結果を信頼でき，AD 外であれば推定結果を信頼できないと考えられま
す．先ほどの炭化水素化合物の例でいえば，水酸基の数という x の値が 1 以上の
とき AD 外となり，沸点の推定値は信頼できません．

　今回は AD の設定方法として，範囲・平均からの距離・データ密度・アンサン
ブル学習に基づく方法を説明します．

9.2.1　範　囲

　x ごとに範囲を設定し，すべての x で範囲内であれば AD 内，それ以外を AD
外とします．x ごとの範囲の概念図を図 9-1 に示します．図 9-1 では x の数が 2 で
あり，データセットの最小値から最大値までを範囲としています．点線の四角の中

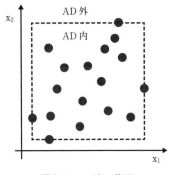

図 9-1 x ごとの範囲

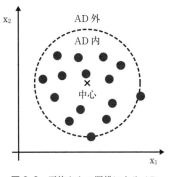

図 9-2 平均からの距離による AD

のサンプルは AD 内，外のサンプルは AD 外となります．

　x ごとの範囲の設定は簡単にできますが，x の数が多くなると実際には AD 内にもかかわらず AD 外と判定される確率が大きくなるという問題があります．たとえば 100 個の x があるとき，誤って AD 外と判定される確率が x ごとに 1 ％ と小さくても，少なくとも 1 つの x で誤って AD 外と判定される確率は $1-(1-0.01)^{100}$ で計算され，およそ 63 ％ と大きくなってしまいます．特に x の数が多いときには注意が必要であり，これを解決する 1 つの方法を次項で説明します．

9.2.2　平均からの距離

　x をまとめて扱い，データセットにおける x の平均からの距離を AD の指標にすれば（図 9-2），x の数が大きくなるにつれて AD 外と誤判断される確率が上がる現象は起こりません．距離としてはユークリッド距離（7.2 節参照）が一般的ですが，x がすべてダミー変数のときにはマンハッタン距離（7.2 節参照）を，x 間に相関関係があるときにはマハラノビス距離[44] を用いるのがよいでしょう．マハラノビス距離は各 x の分散や x 間の共分散を考慮した距離であり，主成分分析（6.1 節参照）してすべての主成分を計算し，主成分を標準化したあとのユークリッド距離といえます．基本的には特徴量の標準化をしてから距離を計算します．

　AD 内か AD 外かを判断する閾値は，データセットにおける距離の最も小さいサンプルの $\alpha \times 100$ ％ が含まれる距離の最小値とします．たとえば 1000 サンプルあり $\alpha=0.8$ とすると，閾値は 800 番目に距離が小さいサンプルの距離の値になります．

　x の数が大きいとき，平均からの距離が最も近いサンプルの距離と最も遠いサンプルの距離との差が小さくなる問題（次元の呪い[45]）があり，AD 内のサンプル

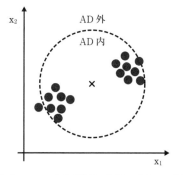

図 9-3　データ分布が複数の領域に分かれる状況における平均からの距離による AD

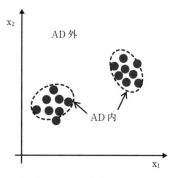

図 9-4　データ密度による AD

と AD 外のサンプルとを分離しにくくなってしまいます．さらに，図 9-3 のようにデータ分布が複数の領域に分かれる状況では，平均からの距離を指標にすると，実際にはデータ分布から離れているサンプルが，AD 内と判定されてしまいます．特にデータ分布が複数に分かれるときには注意が必要であり，この解決策の 1 つを次項で説明します．

9.2.3 データ密度

　データ分布が複数の領域に分かれている場合でも適切に AD を設定するために，データ密度を AD の指標とする方法があります．データ密度の高い領域を AD 内，低い領域を AD 外とします（図 9-4）．データ密度を計算する 1 つの方法がクラス分類や回帰分析でも用いた k-NN です．あるサンプルに対して，データセットの中で最も距離の近い k 個のサンプルを選択し，それらのサンプルとの距離の平均値を計算します．距離の平均値が小さいほどデータ密度が高いと考え，この平均値をデータ密度の指標とします．距離や指標の閾値の決め方については 9.2.2 項と同様です．

　次元の呪いについては，k-NN ではすべてのサンプル間の距離を計算するため注意が必要です．なお One-Class Support Vector Machine（OCSVM）でデータ密度を推定することで次元の呪いの影響を低減できます．OCSVM の詳細およびサンプル Notebook については 9.3 節をご覧ください．

9.2.4 アンサンブル学習法

アンサンブル学習法とは"三人寄れば文殊の知恵"のように，回帰分析やクラス分類のときに多くのモデルを用いて，推定性能を向上させることを目的とした方法です（図9-5）．複数のモデルを構築し，サンプルの y の値を推定するときは複数のモデルの推定結果を統合して最終的な推定結果とします．データセットから x やサンプルをランダムに選択して複数のサブデータセットを準備し，それぞれでモデル構築することで複数のモデルを準備します．推定結果を統合するときは，回帰分析では平均値を計算し，クラス分類では多数決をとります．そして，複数のモデルで推定したときの，推定結果のばらつきを AD の指標とします．回帰分析の場合は推定値の標準偏差，クラス分類の場合は推定されたクラスの割合です．推定値の標準偏差が小さいほど推定誤差は小さく，推定されたクラスの割合が大きいほど正解する確率は高くなると考えられます．

クラス分類のときは，アンサンブル学習法では AD が広くなりすぎてしまうため注意が必要です．これは，たとえば k-NN を用いてクラス分類を行うとき，トレーニングデータから離れており推定結果を信頼できないと考えられるサンプルでも，トレーニングデータにおける最も近い k 個のサンプルが選択され，どれかのクラスに分類されることに由来します．そのとき複数のクラス分類モデルを構築しても，多くのモデルで同じクラスと推定される可能性があります．この問題を回避するためにデータ密度と組み合わせる方法があります．

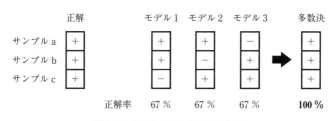

図9-5 アンサンブル学習の概念図

9.2.5 AD の 設 定

サンプル Notebook でデータ密度やアンサンブル学習法により，回帰分析における AD を設定します．サンプル Notebook は sample_program_9_2.ipynb です．回帰分析手法は PLS 法とします．サンプルデータセットとして沸点のデータセット[17]

を用います．データセットを読み込み x と y を準備するところまで実行しましょう．

　9.1 節で説明したように，通常はすべてのサンプルを用いて回帰モデルの構築や AD の設定を行いますが，今回は AD の検証をするため，あえて沸点の低い化合物をトレーニングデータ，沸点の高い化合物をテストデータとします．これにより沸点の高い化合物において，データ密度が低くなるか，複数のモデルからの推定値の標準偏差が大きくなるかを確認します．サンプル Notebook において，特徴量の標準化まで該当するセルを実行しましょう．なお，トレーニングデータのサンプル数を 50 としています．

　まずは AD を設定せずに，前回と同様にして PLS 法による解析をします．該当するセルを実行し，トレーニングデータにおける Mean Absolute Error（MAE）のおよそ 27 と比較して，テストデータにおける MAE がおよそ 75 と大きいことや，テストデータの実測値 vs. 推定値プロットにおいて，沸点の大きい化合物の推定誤差が特に大きいことを確認しましょう．これらの化合物は AD 外と考えられます．

　次に，9.2.3 項で解説した k-NN によって計算されるデータ密度で AD を設定します．k-NN を計算するため，scikit-learn（6.1 節参照）を使用します．k-NN を実行するためのライブラリを，`from sklearn.neighbors import NearestNeighbors` として取り込みます．次のセルで k の値 `k_in_knn` を 3 に設定し，その次のセルで k-NN モデルを表す変数を作成します．次のセルでモデルを fit します．

　AD 内か AD 外かの閾値を決めるため，トレーニングデータで k 最近傍距離を計算します．fit したモデルの変数を用いて，**変数名**`.kneighbors( )` でサンプルごとの k 最近傍サンプルとの距離を計算できます．k 最近傍サンプルの要素の順番も一緒に出力されるため，サンプル Notebook では，`knn_distance_between_` `autoscaled_x_train, knn_index_autoscaled_x_train = ad_model.kneighbors` `(autoscaled_x_train, n_neighbors = k_in_knn + 1)` として，出力用の変数を 2 つにしています．なお，トレーニングデータでは k 最近傍サンプルの中に自分も含まれ，自分との距離の 0 を除いた距離を考える必要があるため，k の値を `k_in_knn + 1` と設定し直しています．次の 6 つのセルで，k 最近傍サンプルとの距離を計算しましょう．6 つ目のセルでサンプルごとの k 最近傍サンプルとの距離を確認するときの列の名前には，デフォルトの名前 $0, 1, 2, 3$ が格納されています．次のセルで自分以外の `k_in_knn` 個の距離の平均を計算し，さらに次のセルで計算結果を確認しましょう．

　トレーニングデータにおける距離の最も小さいサンプルの $\alpha \times 100$ ％ が含まれる
距離の最小値を閾値とするため，まず距離が小さい順に並び替えます．サンプルを
昇順もしくは降順に並び替えるには，変数名.sort_values( ) を使います．次の
セルを実行して小さい順に並び替え，さらに次のセルで結果を確認しましょう．サ
ンプル Notebook では α(alpha) を 0.8 として，四捨五入する関数 round( ) を用
いて，round(autoscaled_x_train.shape[0]* alpha) で距離の小さい $\alpha \times 100$ ％ の
サンプル数を計算します．これを用いて次のセルで閾値を求め，その次のセルで確
認しましょう．

　テストデータに対して，AD の内か外かを判定します．まずトレーニングデータ
と同様にして，テストデータの各サンプルにおけるトレーニングデータのサンプル
の k 最近傍距離の平均を計算します．次の 5 つのセルで計算および結果の確認を
しましょう．

　計算した k 最近傍距離の平均の変数 mean_of_knn_distance_between_
autoscaled_x_train_test に 対 し て，mean_of_knn_distance_between_
autoscaled_x_train_test <= ad_threshold とすることで，サンプルが条件を満
たすかどうかを，つまり AD 内のサンプルに対しては True (真) を，それ以外のサ
ンプルに対しては False (偽) を返してくれます．逆に mean_of_knn_distance_
between_autoscaled_x_train_test > ad_threshold とすれば，AD 外のサンプル
に対して True を返します．2 つのセルを実行して確認しましょう．これらを用い
て，AD 内のサンプルにおける目的変数の実測値・推定値，AD 外のサンプルにお
ける目的変数の実測値・推定値を，それぞれ別の変数とします．6 つのセルを実行
しましょう．途中で AD 内のサンプル数，AD 外のサンプル数も確認しています．

　AD 内のサンプルと AD 外のサンプルそれぞれで推定性能を確認します．該当す
るセルを実行して結果を確認しましょう．AD 外のサンプルの MAE と比較して，
AD 内のサンプルの MAE が小さくなっています．これにより，推定誤差が大きく
なる可能性のあるサンプルを検討対象から外すことができました．

　続いて，推定誤差のばらつきを定量的に評価するため，アンサンブル学習法によ
り推定値の標準偏差を計算します．今回は x をランダムに選択して複数のモデル
を作成します．これまで用いた descriptors_8_with_boiling_point.csv は x の数が 8
と少ないため，33 に増やしたデータセット descriptors_33_with_boiling_point.csv
を使用します．まずは先ほどと同様に，AD を設定せずに PLS 法による解析を行
います．該当するセルを実行しましょう．

　アンサンブル学習法において，1つのモデルを構築するための x として，もとの x の 8 割くらいを用いることにします．次の Code セルを実行しましょう．

　x の選び方として，0 から 1 までの間に一様に分布する乱数を x の数だけ生成して，0.8 を下回った乱数に対応する x を選択します．一様乱数を生成するために NumPy（8.7.1 項参照）を用います．np と名前を省略して import します．該当するセルを実行しましょう．乱数を発生するには np.random.rand( ) を用います．たとえば，np.random.rand(10) とすると 0 から 1 の間に一様に分布する乱数を 10 個，ベクトルとして生成できます．該当するセルを実行して確認してください．これを利用して，x の数だけ乱数を発生させ，それが rate_of_selected_variables を下回る x だけ選択します．次の 5 つのセルを実行して x を選択しましょう．

　アンサンブル学習法におけるモデルの数を number_of_models = 100 とすると，以下の 5 つを for 文で 100 回繰り返すことになります．

① 　x の選択
② 　CV によるハイパーパラメータの最適化（8.6 節参照）
③ 　モデル構築
④ 　トレーニングデータにおける y の値の推定
⑤ 　テストデータにおける y の値の推定

サンプル Notebook では必要なライブラリを import したあとに，for 文の Code セルがあります．セルの内容を確認して実行しましょう．進捗状況が 1/100，2/100，…と表示され，100/100 となると終了です．その次のセルを実行して，テストデータにおけるすべてのモデルの推定値を確認しましょう．

　トレーニングデータ，テストデータともに，すべてのモデルにおける推定値の平均値を最終的な推定値とします．該当部分を実行して，トレーニングデータ，テストデータの推定値を計算したり推定結果を評価したりしましょう．なお平均値を計算するときに，変数名.mean(axis = 1) と axis = 1 としているのは，横方向，つまりサンプルごとに平均値を計算するためです．

　最後に，テストデータにおける推定値の標準偏差を計算し，実際の推定誤差の絶対値との関係を確認します．該当するセルを実行しましょう．推定値の標準偏差 vs. 推定誤差の絶対値のプロットを見ると，推定値の標準偏差が大きいほど推定誤差の絶対値が大きくなる可能性があることがわかります．サンプル Notebook にクラス分類におけるデータ密度による AD の設定に関する練習問題がありますので，トライしてみましょう．

9.3 One-Class Support Vector Machine (OCSVM)

9.2.3 項では k-NN によりデータ密度を計算しました．データ密度を計算する他の方法の 1 つに，One-Class Support Vector Machine (OCSVM) があります．OCSVM では結果的に，トレーニングデータの一部のサンプル（サポートベクター）と対象のサンプルとの間の（ユークリッド）距離のみが計算されるため，k-NN における次元の呪いの影響が軽減されます．

OCSVM は，8.7.1 項の SVM や 8.7.2 項の SVR の仲間です．たとえば図 9-6 のように説明変数 x が x_1, x_2 の 2 つの場合，OCSVM では関数 f を以下の式のように設定します．

$$f(\mathbf{x}^{(i)}) = \mathbf{x}^{(i)} \mathbf{a}_{\mathrm{OCSVM}} - u$$
$$= x_1^{(i)} a_{\mathrm{OCSVM},1} + x_2^{(i)} a_{\mathrm{OCSVM},2} - u \tag{9.1}$$

そして，直線 $a_{\mathrm{OCSVM},1} x_1 + a_{\mathrm{OCSVM},2} x_2 - u = 0$ より原点側にあるサンプル，つまり $f(\mathbf{x}^{(i)}) < 0$ となるサンプル $\mathbf{x}^{(i)}$ を，他のサンプルから外れたサンプル（外れサンプル）とします．ただし $u > 0$ です．このままでは，原点に近いサンプルが外れサンプルとなる場合にしか対応できませんが，SVM や SVR と同様にして，$\mathbf{x}^{(i)}$ に非線形の変換をして，周辺に他のサンプルがないほど（外れサンプルほど）原点の近くになるようにすれば問題ありません．あとに詳しく説明しますが，SVM や SVR と同様にカーネルトリックを利用して，ガウシアンカーネルを用いれば OK です．

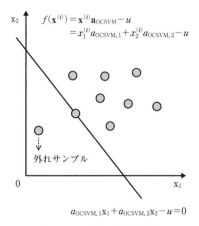

$$a_{\mathrm{OCSVM},1} x_1 + a_{\mathrm{OCSVM},2} x_2 - u = 0$$

図 9-6 OCSVM の概念図

また，この非線形変換により，$f(\mathbf{x}^{(i)})$ の値が小さいほど $\mathbf{x}^{(i)}$ 周辺のデータ密度が低く（外れサンプルらしく），$f(\mathbf{x}^{(i)})$ の値が大きいほど $\mathbf{x}^{(i)}$ 周辺のデータ密度が高くなります．このように $f(\mathbf{x}^{(i)})$ をデータ密度とみなすことができます．

SVR（8.7.2 項参照）と同様にして，とりあえず非線形変換の関数を g として，$\mathbf{x}^{(i)} \rightarrow g(\mathbf{x}^{(i)})$ とします．これにともない，重みも以下のような $\mathbf{a}_{\mathrm{NOCSVM}}$ とします（N は Nonlinear（非線形）の N）．

$$\mathbf{a}_{\mathrm{NOCSVM}} = (a_{\mathrm{NOCSVM},1} \quad a_{\mathrm{NOCSVM},2} \quad \cdots \quad a_{\mathrm{NOCSVM},k})^{\top} \tag{9.2}$$

k は $g(\mathbf{x}^{(i)})$ の特徴量の数です．ただ，$\mathbf{a}_{\mathrm{NOCSVM}}$ も k も，とりあえずこのように設定しておくだけで，あとに考えなくてもよくなりますので，特に気にしなくて問題ありません．とにかく，非線形性を考慮に入れると，式(9.1) は以下のようになります．

$$f(\mathbf{x}^{(i)}) = g(\mathbf{x}^{(i)}) \mathbf{a}_{\mathrm{NOCSVM}} - u \tag{9.3}$$

重み $\mathbf{a}_{\mathrm{NOCSVM}}$ を，SVM（8.7.1 項参照）と同様にしてマージンの最大化とスラック変数の和の最小化により求めます．OCSVM においては，マージンの最大化はサンプルが多く存在している領域のみが $f(\mathbf{x}^{(i)}) \geq 0$ となることに，スラック変数の和の最小化は外れサンプルになるサンプルを少なくすることに対応します．OCSVM のマージンとスラック変数について順に説明します．

マージンは図 9-7 のように原点と $g(\mathbf{x}^{(i)}) \mathbf{a}_{\mathrm{NOCSVM}} - u = 0$ との間のユークリッド距離です．点と直線との距離の式より，マージンは以下のように計算できます．

$$\frac{|-u|}{\|\mathbf{a}_{\mathrm{NOCSVM}}\|} = \frac{u}{\|\mathbf{a}_{\mathrm{NOCSVM}}\|} \tag{9.4}$$

この距離を大きくすることで，与えられたデータセットにおいてデータ密度の高いデータ領域のみが $f(\mathbf{x}^{(i)}) \geq 0$ となるように，データ領域を決めようとしています．式(9.4) より，マージンを大きくすることは，u を大きくし，$\|\mathbf{a}_{\mathrm{NOCSVM}}\|$ を小さくすることに対応します．よってマージンを最大化することを，スラック変数の和の最小化と合わせるため，u が大きく $\|\mathbf{a}_{\mathrm{NOCSVM}}\|$ が小さくなるほど小さくなる以下の式を最小化することに変換します．

$$\frac{1}{2}\|\mathbf{a}_{\mathrm{NOCSVM}}\|^{2} - u \tag{9.5}$$

次にスラック変数です．スラック変数 $\xi^{(i)}$ はサンプルごとに与えられます．図 9-7 のように，$f(\mathbf{x}^{(i)}) = 0$ を満たすサンプル（直線上のサンプル）や，$f(\mathbf{x}^{(i)}) = 0$ に対して原点と反対側にあるサンプルにおいては $\xi^{(i)} = 0$ ですが，それら以外の，$f(\mathbf{x}^{(i)}) = 0$ に対して原点と同じ側にあるサンプルでは，$\xi^{(i)} = -f(\mathbf{x}^{(i)})$ と定義され

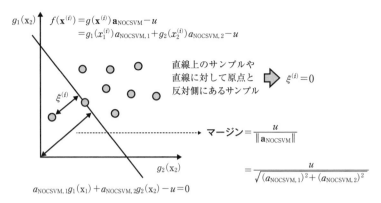

図 9-7 非線形変換後の OCSVM の概念図とスラック変数 $\xi^{(i)}$

ます．$\xi^{(i)}$ を用いると，$\xi^{(i)}$ と $f(\mathbf{x}^{(i)})$ の関係は以下の式のようになります．

$$f(\mathbf{x}^{(i)}) \geq -\xi^{(i)} \tag{9.6}$$

式(9.3) より，式(9.6) は以下の式になります．

$$g(\mathbf{x}^{(i)})\mathbf{a}_{\mathrm{NOCSVM}} - u + \xi^{(i)} \geq 0 \tag{9.7}$$

ただし，$\xi^{(i)}$ について次式が成り立ちます．

$$\xi^{(i)} \geq 0 \tag{9.8}$$

トレーニングデータにおけるスラック変数の和である以下の式を最小化します．

$$\sum_{j=1}^{n} \xi^{(j)} \tag{9.9}$$

ただし n はトレーニングデータのサンプル数です．スラック変数の和を小さくすることで，$f(\mathbf{x}^{(i)}) < 0$ となるサンプル（外れサンプルとみなされるサンプル）を少なくしようとしています．

　式(9.5) の最小化と，式(9.9) のスラック変数の和の最小化を同時に考えます．OCSVM では以下の S を最小化します．

$$S = \frac{1}{2}\|\mathbf{a}_{\mathrm{NOCSVM}}\|^2 - u + \frac{1}{\nu n}\sum_{j=1}^{n}\xi^{(j)} \tag{9.10}$$

ここで ν（ニュー）はハイパーパラメータ（8.6 節参照）であり，式(9.5) の項に対する式(9.9) の項の重み $1/\nu n$ に関係します（n はサンプル数）．ν が大きいと，$1/\nu n$ が小さくなり，より式(9.9) の影響が小さく，すなわち外れサンプルが増えたとしても $f(\mathbf{x}^{(i)}) \geq 0$ となる領域が小さくなるように，$\mathbf{a}_{\mathrm{NOCSVM}}$ が最適化されます．逆に

ν が小さいと，$1/\nu n$ が大きくなり，より式(9.5)の影響が小さく，すなわち $f(\mathbf{x}^{(i)}) \geq 0$ となる領域が大きくなったとしても外れサンプルが少なくなるように，$\mathbf{a}_{\text{NOCSVM}}$ が最適化されます．これらの傾向と，ν は νn のようにサンプル数とかけて式(9.10)にあることから，ν はトレーニングデータにおける外れサンプルの割合に関係するハイパーパラメータとお考えください（ν の意味に関する詳細は**発展③**にあります）．$0 < \nu \leq 1$ であり（なぜ1以下かの説明も**発展③**にあります），ν を大きくすると外れサンプル，つまり $f(\mathbf{x}^{(i)}) < 0$ となるサンプルの数が増えます．

ここまでの議論は，x が2つの場合だけでなく，一般化して x の数が m のときも可能です．

式(9.10)の S を最小化することで，以下の式が得られます．

$$
\begin{aligned}
f(\mathbf{x}^{(i)}) &= \sum_{j=1}^{n} \alpha^{(j)} g(\mathbf{x}^{(j)}) g(\mathbf{x}^{(i)})^{\mathrm{T}} - u \\
&= \sum_{j=1}^{n} \alpha^{(j)} K(\mathbf{x}^{(i)}, \mathbf{x}^{(j)}) - u
\end{aligned}
\tag{9.11}
$$

K は8.7.1項のSVMにおける式(8.47)のカーネル関数です．また，$\alpha^{(j)}$ は S の最小化によって求められるパラメータであり，u はその後 $f(\mathbf{x}^{(i)}) = 0$ の上のサンプル（サポートベクター）によって計算されます．$\alpha^{(j)}, u$ の導出過程については，次の**発展③**で説明します．興味のある方はご覧いただき，それ以外の方はスキップしてください．

発展③

制約条件である式(9.7)，式(9.8)を満たしながら式(9.10)の S が最小となる $\mathbf{a}_{\text{NOCSVM}}$ を求めるため，変数に制約条件がある場合の最適化を行うための数学的な方法であるラグランジュの未定乗数法[20]を用います．$\alpha^{(j)}, \beta^{(j)}$（すべて0以上）を未知の定数として以下のように G を準備します．

$$
G = \frac{1}{2} \| \mathbf{a}_{\text{NOCSVM}} \|^2 - u + \frac{1}{\nu n} \sum_{j=1}^{n} \xi^{(j)} - \sum_{j=1}^{n} \alpha^{(j)} (g(\mathbf{x}^{(j)}) \mathbf{a}_{\text{NOCSVM}} - u + \xi^{(j)}) - \sum_{j=1}^{n} \beta^{(j)} \xi^{(j)}
\tag{9.12}
$$

$\mathbf{a}_{\text{NOCSVM}}, u, \xi^{(j)}$ に関して G を最小化し，$\alpha^{(j)}, \beta^{(j)}$（すべて0以上）に関して G を最大化します．まず，$\mathbf{a}_{\text{NOCSVM}}, u, \xi^{(j)}$ に関して G を最小化します．G が最小値になるということは G は極小値ということなので，G を $\mathbf{a}_{\text{SVM}}, u, \xi^{(j)}$ でそれぞれ偏微分して0とすると，以下のような式になります．

$$\frac{\partial G}{\partial \mathbf{a}_{\mathrm{NOCSVM}}} = 0 \implies \mathbf{a}_{\mathrm{NOCSVM}} = \sum_{j=1}^{n} \alpha^{(j)} g(\mathbf{x}^{(j)})^{\mathrm{T}} \tag{9.13}$$

$$\frac{\partial G}{\partial u} = 0 \implies \sum_{j=1}^{n} \alpha^{(j)} = 1 \tag{9.14}$$

$$\frac{\partial G}{\partial \xi^{(j)}} = 0 \implies \alpha^{(j)} + \beta^{(j)} = \frac{1}{\nu n} \quad (j=1, 2, \cdots, n) \tag{9.15}$$

なお式 (9.13) において，$\mathbf{a}_{\mathrm{NOCSVM}}$ が縦ベクトルであるため $\mathbf{x}^{(j)\mathrm{T}}$ と転置しました．

　次に，$\alpha^{(j)}$ を求めます．式 (9.13) ～ (9.15) を使用すると式 (9.12) は以下の式になります．

$$G = \frac{1}{2} \sum_{j=1}^{n} \sum_{k=1}^{n} \alpha^{(j)} \alpha^{(k)} g(\mathbf{x}^{(j)}) g(\mathbf{x}^{(k)})^{\mathrm{T}} \tag{9.16}$$

ラグランジュ乗数 $\alpha^{(j)}, \beta^{(j)}$ はすべて 0 以上であることと，式 (9.15) より，以下の式になります．

$$0 \leq \alpha^{(j)} \leq \frac{1}{\nu n} \quad (j=1, 2, \cdots, n) \tag{9.17}$$

$\mathbf{x}^{(j)}$ はトレーニングデータから与えられますので，式 (9.16) の G は $\alpha^{(j)}$ のみの関数になります．よって式 (9.17) の制約条件のもと，式 (9.16) の G を $\alpha^{(j)}$ に対して最大化する二次計画問題（最大化もしくは最小化したい関数 (G) が変数 ($\alpha^{(j)}$) の二次関数であり，制約条件が変数 ($\alpha^{(j)}$) の一次関数である最適化問題）[37] を解くと，$\alpha^{(j)}$ が求まります．式 (9.11) の $\alpha^{(j)}$ を計算できました．

　次に式 (9.11) の u を求めますが，その過程で $\alpha^{(j)}$ の値とそれに対応する（j 番目の）サンプルの特徴について考えます．ラグランジュ乗数とそれと対応する制約式の積が 0 となる条件である，カルーシュ・クーン・タッカー条件 (Karush-Kuhn-Tucker condition, KKT 条件)[38] は以下の式で与えられます．

$$\alpha^{(j)}(g(\mathbf{x}^{(j)})\mathbf{a}_{\mathrm{NOCSVM}} - u + \xi^{(j)}) = 0 \implies \alpha^{(j)}(f(\mathbf{x}^{(j)}) + \xi^{(j)}) = 0 \tag{9.18}$$

$$\left(\frac{1}{\nu n} - \alpha^{(j)}\right)\xi^{(j)} = 0 \tag{9.19}$$

式 (9.18) より，すべてのサンプルにおいて $\alpha^{(j)} = 0$ もしくは $f(\mathbf{x}^{(j)}) + \xi^{(j)} = 0$ となります．$\alpha^{(j)} = 0$ のサンプルは式 (9.11) の OCSVM モデルの式にまったく寄与しません．それ以外のサンプルのことをサポートベクターと呼び，式 (9.11) の OCSVM モデルの式はサポートベクターのみによって決まります．

　u の計算についてです．サポートベクターでは $\alpha^{(j)} \neq 0$ であり，$f(\mathbf{x}^{(j)}) + \xi^{(j)} = 0$ です．さらに，式 (9.19) より $0 < \alpha^{(j)} < 1/\nu n$ のときは $\xi^{(j)} = 0$ となることから，$f(\mathbf{x}^{(j)}) = 0$ です．これは図 9-7 の直線上のサンプルを意味します．これらの各サンプルにおいては式 (9.11) より，以下の式で u を計算できます．

$$u = \sum_{j=1}^{n} \alpha^{(j)} K(\mathbf{x}^{(i)}, \mathbf{x}^{(j)}) \tag{9.20}$$

実際には直線上のすべてのサンプル，つまり $0 < \alpha^{(j)} < 1/\nu n$ を満たすサンプル $\mathbf{x}^{(j)}$ それぞれで式(9.20)から u を計算し，それらの平均値を最終的な u とします．以上により，OCSVM モデルの式(9.11)が完成しました．

なお，$\alpha^{(j)} = 0$ のとき式(9.19)より $\xi = 0$ となることから，これらの OCSVM モデルの式に寄与しないサンプルは，直線 $f(\mathbf{x}^{(j)}) = 0$ に対して原点の反対側にある，外れサンプルではないサンプルであることがわかります．残りの $\alpha^{(j)} = 1/\nu n$ のサンプルは，直線 $f(\mathbf{x}^{(j)}) = 0$ に対して原点と同じ側にある外れサンプルです．

次に式(9.10)にあるハイパーパラメータである ν の意味について考えます．サポートベクターである $0 < \alpha^{(j)} \leq 1/\nu n$ のサンプル，すなわち $f(\mathbf{x}^{(j)}) = 0$ の上のサンプルと $f(\mathbf{x}^{(j)}) = 0$ に対して原点と同じ側にある外れサンプルの数を n_0 個とします．もちろん $n_0 \leq n$ です．すべてのサンプルにおける $\alpha^{(j)}$ の和を計算するのは，n_0 個のサンプル以外は $\alpha^{(j)} = 0$ より，n_0 個のサンプルにおける $\alpha^{(j)}$ の和を計算するのと同じです．よって $\alpha^{(j)} \leq 1/\nu n$ より，以下の関係式が成り立ちます．

$$\sum_{j=1}^{n} \alpha^{(j)} \leq \frac{n_0}{\nu n} \tag{9.21}$$

式(9.14)より以下のように変形されます．

$$1 \leq \frac{n_0}{\nu n} \implies \nu \leq \frac{n_0}{n} \tag{9.22}$$

よって，$n_0 \leq n$ から $\nu \leq 1$ となります．さらに式(9.22)は以下の式にも変形できます．

$$n_0 \geq n\nu \tag{9.23}$$

この式より ν は，トレーニングデータにおけるサンプル数に対する，サポートベクター（$f(\mathbf{x}^{(j)}) = 0$ の上のサンプルと外れサンプル）の割合の下限を意味します．つまり，OCSVM モデルを構築したとき，$n\nu$ 以上の数のサンプルが，$f(\mathbf{x}^{(j)}) = 0$ の上にあるサンプルか外れサンプルのどちらかになります．

j 番目のサンプルに対応する $\alpha^{(j)}$ の値が求まると，その値ごとにサンプルの特徴がわかります．表9-1に $\alpha^{(j)}$ の値ごとのサンプルの特徴を示します．これらの理由については**発展③**をご覧ください．たとえば $\alpha^{(j)} = 0$ のサンプルは OCSVM モデルの式にまったく寄与せず，$\alpha^{(j)} > 0$ のサンプルのみによって OCSVM モデルの式が決まります．$\alpha^{(j)} > 0$ のサンプルは，OCSVM モデルの構築のために重要なサンプルといえるでしょう．

表 9-1　$\alpha^{(j)}$ の値ごとのサンプルの説明

$\alpha^{(j)}$ の値	サンプルの説明
$\alpha^{(j)}=0$	$f(\mathbf{x}^{(j)})=0$ に対して原点の反対側にある，外れサンプルではないサンプル．OCSVM モデルの式に寄与しない
$0<\alpha^{(j)}<1/\nu n$	$f(\mathbf{x}^{(j)})=0$ の上のサンプル．u の計算に使用．サポートベクター
$\alpha^{(j)}=1/\nu n$	$f(\mathbf{x}^{(j)})=0$ に対して原点と同じ側にあるサンプル．外れサンプル．サポートベクター

OCSVM では基本的には式(8.49) のガウシアンカーネルを用います．式(8.49)，式(9.11) より，OCSVM モデルは以下の式で表されます．

$$f(\mathbf{x}^{(i)})=\sum_{j=1}^{n}\alpha^{(j)}\exp(-\gamma\|\mathbf{x}^{(i)}-\mathbf{x}^{(j)}\|^2)-u \qquad (9.24)$$

この式の右辺では，あるサンプル $\mathbf{x}^{(i)}$ に対して，トレーニングデータのサンプルごとに，ユークリッド距離の二乗を計算し $-\gamma$ をかけてから $\exp(\ )$ で変換し，さらに $\alpha^{(j)}$ を掛けたものを，足し合わせています．$\mathbf{x}^{(i)}$ と各トレーニングデータとのユークリッド距離が大きいほど，つまり近くにサンプルがないほど，$\exp(-\gamma\|\mathbf{x}^{(i)}-\mathbf{x}^{(j)}\|^2)$ は 0 に近づき，それらを足し合わせたものも 0 に近づき，$f(\mathbf{x}^{(i)})$ は $-u$ に近づきます．このように，$\mathbf{x}^{(i)}$ のデータ密度が低いことと $f(\mathbf{x}^{(i)})$ の値が小さいことが対応します．

　トレーニングデータを用いて OCSVM モデルを構築する前に，つまり式(9.24) の $\alpha^{(j)}$ と u を計算する前に，ハイパーパラメータである ν と γ を決める必要があります．8.7.1 項の SVM や 8.7.2 項の SVR では，目的変数 y という正解がありましたので，CV によりハイパーパラメータを最適化できましたが，OCSVM では y がありませんので，CV を利用できません．ただし γ に関しては，SVR で最適化したのと同様に，トレーニングデータのグラム行列における全体の分散が最大になるように，γ を 31 通りから 1 つ選ぶことができます (8.7.2 項参照)．ちなみに γ の 31 通りは次のようになります．

　　✓　$\gamma : 2^{-20}, 2^{-19}, \cdots, 2^9, 2^{10}$ （31 通り）

　ν の決め方についてです．ν はトレーニングデータにおけるサンプル数に対する，サポートベクター（$f(\mathbf{x}^{(j)})=0$ の上のサンプルと外れサンプル）の割合の下限を意味します（この理由は**発展③**に説明があります）．外れサンプルの割合は，ν 以下にはなりません．そこで外れサンプルの割合の目安を決めることを考えます．ある特徴量が正規分布に従うとき，平均値から標準偏差の何倍かの範囲内にサンプ

ルがある確率は決まっています．1 からその確率を引くと，外れサンプルになる確率になりますので，標準偏差の倍数ごとに以下のように ν を見積もれます．

- ✓ （平均値±標準偏差）内にサンプルがある確率：
  およそ 68.3 % → $\nu = 1 - 0.683 = 0.317$
- ✓ （平均値±2×標準偏差）内にサンプルがある確率：
  およそ 95.5 % → $\nu = 1 = 0.955 = 0.045$
- ✓ （平均値±3×標準偏差）内にサンプルがある確率：
  およそ 99.7 % → $\nu = 1 = 0.997 = 0.003$

ν はサポートベクターの割合であり，OCSVM モデルを構築したときに，実際の外れサンプルの割合とは異なるため注意しましょう．

　ν を小さくすると AD は広がり多くのサンプルを推定できる一方で，AD 内のサンプルにおける誤差の絶対値の平均は大きくなる傾向があります．また ν を大きくすると AD は狭くなり多くのサンプルは推定できませんが，AD 内のサンプルにおける誤差の絶対値の平均は小さくなる傾向があります．このように，AD の広さ（推定できるサンプル数）と AD 内での推定性能の間にはトレードオフの関係があります．ν の値ごとに OCSVM モデルを構築し，それぞれの AD 内の推定性能を評価しておくこともよいでしょう．新しいサンプル $\mathbf{x}^{(i)}$ に対して，$f(\mathbf{x}^{(j)}) \geq 0$ となる OCSVM モデルがわかりますので，その AD 内の推定性能から，$\mathbf{x}^{(i)}$ の誤差を見積もることができます．大きい ν の OCSVM モデルで，（AD は狭いですが）$f(\mathbf{x}^{(j)}) \geq 0$ となれば，誤差が小さく推定できることを期待できるといえます．

　サンプル Notebook で，OCSVM によりデータ密度を計算して AD を設定します．サンプル Notebook は sample_program_9_3.ipynb です．9.2.5 項の k-NN による AD の設定では，並行して PLS 法による回帰分析を行いましたが，今回のサンプル Notebook では AD の設定のみを行います．クラス分類や回帰分析と組み合わせたいときは，9.2.5 項のサンプル Notebook を参考にしてください．

　サンプルデータセットとして沸点のデータセット[17]を用います．データセットを読み込み x と y を準備するところまで実行しましょう．9.2.5 項と同様にして，今回はあえて沸点の低い化合物をトレーニングデータ，沸点の高い化合物をテストデータとします．サンプル Notebook において，特徴量の標準化まで該当するセルを実行しましょう．なお，トレーニングデータのサンプル数を 50 としています．

　OCSVM モデルを構築する前に，まずはグラム行列の分散の最大化によりガウシアンカーネルにおける γ を最適化します．最適化の方法は 8.7.2 項の SVR のとき

と同様です．次の10個の Code セルの内容を読みながら実行し，グラム行列の分散が最大となるγの値を optimal_nonlinear_ocsvm_gamma とし，その値を確認しましょう．内容がよくわからない場合は8.7.2項を参照してください．

次に，OCSVM モデルを構築します．OCSVM を計算するため，scikit-learn（6.1節参照）を使用します．OCSVM を実行するためのライブラリを，from sklearn.svm import OneClassSVM として取り込みます．次のセルでνの値 nonlinear_ocsvm_nu を 0.045 に設定し，その次のセルで OCSVM モデルを表す変数を作成します．kernel にはカーネル関数の種類を（今回はガウシアンカーネル 'rbf'），gamma にはγの値を，nu にはνの値を設定します．次のセルでモデルを fit します．

テストデータにおけるサンプルが，それぞれ AD 内か AD 外かを判定するため，テストデータで式(9.24) の$f(\mathbf{x}^{(j)})$の値を計算します．fit したモデルの変数を用いて，**変数名**.decision_function(　) で（　）内に入力したサンプルごとの$f(\mathbf{x}^{(j)})$の値を計算できます．次の Code セルを実行して計算し，さらに次のセルで計算結果を確認しましょう．この値が 0 以上のサンプルは AD 内のサンプル，0 より小さいサンプルは AD 外のサンプルです．$f(\mathbf{x}^{(j)})$の値の変数 output_of_ocsvm_model_test に対して，output_of_ocsvm_model_test >= 0 とすることで，サンプルが条件を満たすかどうかを，つまり AD 内のサンプルに対しては True（真）を，それ以外のサンプルに対しては False（偽）を返してくれます．2つのセルを実行して確認しましょう．さらに3つのセルを実行して，その結果を csv ファイルとして保存してください．

10

モデルを用いて y から x を推定する

　第8章においてクラス分類モデルや回帰モデルを構築でき，第9章においてモデルの適用範囲（Applicability Domain, AD）を設定できるようになりました．本章では，構築されたモデルと設定された AD を用いて，モデルの逆解析（inverse analysis）をすることで目的変数 y の目標値を達成できると考えられる説明変数 x の値を設計できるようになることを目標とします．

　x の値から y の値を推定することをモデルの順解析（図 10-1(a)）と呼び，その逆に y の値から x の値を推定することをモデルの逆解析（図 10-1(b)）と呼びます．モデルの逆解析は，物性・活性・特性・製品品質が目標の値となるような，分子構造や原料・重合条件や元素組成・合成条件や実験条件・製造条件などを設計することに対応します．

　x は多数あり，y は1つもしくは少数であることが多いため，x から y を推定することは第8章で行ったように問題なくできますが，y から x を推定することは一般的に困難です．そこで実際は図 10-2 のように，x のサンプル候補を多数準備し，

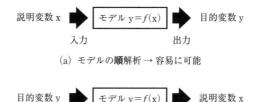

説明変数 x　→　モデル y=f(x)　→　目的変数 y
　　　　　　入力　　　　　　出力
（a）モデルの**順解析** → 容易に可能

目的変数 y　→　モデル y=f(x)　→　説明変数 x
　　　　　　入力　　　　　　出力
（b）モデルの**逆解析** → 一般的に困難

図 10-1　モデルの順解析とモデルの逆解析

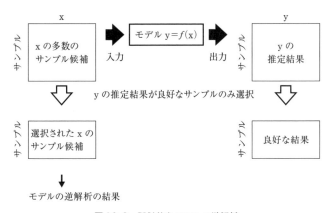

図 10-2　擬似的なモデルの逆解析

それらをモデル y＝ƒ(x) に入力することによって得られる y の推定値が良好な候補を選択します．このようにモデルの順解析を多数行うことにより，擬似的にモデルの逆解析をします．サンプル候補は，(y が不明な) データベースから準備したり，乱数により仮想的なサンプルを生成して準備したりします．モデルの順解析を実施する，つまりサンプル候補をモデルに入力するときには，第 9 章の AD を設定し，AD 内の候補のみ y の値を推定するようにしましょう．なお，モデル y＝ƒ(x) から y の値を入力して x の値を直接的に推定することもできますが，Gausiann Mixture Regression (GMR)[46] や Generative Topographic Mapping Regression (GTMR)[47] といったモデルが確率密度関数で表される手法に限られます．GMR や GTMR に興味のある方は，こちらのウェブサイト[46,47] に解説と Python コードがありますのでご覧ください．

10.1　仮想サンプルの生成

　本節では図 10-2 にある "x の多数のサンプル候補" を仮想的に生成します．サンプル Notebook は sample_program_10_1.ipynb です．最初の Code セルを実行して pandas と NumPy を import しましょう．ここでは既存のデータセットがあることを想定して，そのデータセットの x から生成するサンプルの x の上限値と下限値を設定します．既存のデータセットがない場合など，特徴量ごとの上限値と下限値を任意に設定したい場合は，9 つの Code セルを飛ばして，"【参考】上限値と

下限値を自由に設定"に進みましょう．今回は仮想的な樹脂材料のデータセット（8.4節参照）を使用します．4つの Code セルを実行して，データセットを読み込み説明変数のデータセットのみを x の変数として準備して確認しましょう．

次の Code セルの x_max_rate, x_min_rate で，それぞれ x の最大値の何割を生成するサンプルにおける特徴量の上限値にするか，x の最小値の何割を生成するサンプルにおける特徴量の下限値にするかを設定します．x_max_rate = 1, x_min_rate = 1 と書かれたセルを実行すると，x の最大値と同じ値を上限値に，x の最小値と同じ値を下限値にすることにできます．たとえば x_max_rate = 1.1, x_min_rate = 0.9 とすると，x の最大値の 1.1 倍を上限値に，x の最小値の 0.9 倍を下限値にすることになります．次の4つの Code セルにおいて，x の最大値と最小値から，それぞれ上限値と下限値を実際に計算し，確認します．実行して上限値と下限値を確認しましょう．なお，生成するサンプルにおける特徴量ごとの上限値と下限値を csv ファイルで事前に設定しておき，それを読み込むことで，特徴量ごとの上限値と下限値を自由に設定することもできます．今回のような仮想的な樹脂のデータセットでは，virtual_resin_upper_lower.csv がその csv ファイルに対応します（図 10-3）．たとえば，第 11 章の実験計画法で行うように，最初の実験条件を設定するときにも有効です．今回はすでに上限値と下限値を設定したため，次の6つの Code セルは実行しませんが，セルの内容を読みながら方法を確認するとよいでしょう．特徴量ごとの上限値と下限値を任意に設定したい場合は，virtual_resin_upper_lower.csv と同様のファイルを作成して，次の Code セルにおいて読み込む csv ファイルの名前を該当するファイル名に変更して実行してから，その後の5つの Code セルも説明を読みながら実行しましょう．

仮想サンプルの生成をします．次の Code セルの number_of_generated_samples で生成するサンプル数を設定します．number_of_generated_samples = 10000 と書かれたセルを実行すると，10000 サンプルを生成することになります．0 から 1 の間の一様乱数でサンプルを生成するため，np.random.rand( ) を用います．

	raw_material_1	raw_material_2	raw_material_3	temperature	time
upper	1	0.6	0.95	110	130
lower	0	0.0	0.00	40	5

図 10-3 上限値・下限値を設定するための csv ファイルの例
virtual_resin_upper_lower.csv を Jupyter Notebook で読み込んで表示した図.

np.random.rand(サンプル数,特徴量の数) とすることで，各要素が 0 から 1 の仮想的なデータセットを生成できます．generated_x = np.random.rand(number_of_generated_samples, x.shape[1]) と書かれた Code セルを実行して generated_x という変数にサンプルを生成し，次の Code セルでその内容を確認しましょう．

　0 から 1 の一様乱数を，特徴量ごとの下限値から上限値までの間の一様乱数に変換します．(上限値−下限値) を掛けると 0 から (上限値−下限値) までの間の一様乱数になり，それに下限値を足すと下限値から上限値までの間の一様乱数になることを利用します．次の Code セルで下限値から上限値までの間に変換し，さらに次の Code セルで変換された generated_x の内容を確認しましょう．なお，**変数名.**values は DataFrame 型の変数における (サンプル名や特徴量名以外の) 実際のデータセットの値を表し，NumPy の array 型です．今回は generated_x が NumPy の array 型であり，それと統一するために**変数名.**values を利用しています．

　もし，強制的に値を 0 にしたい特徴量があれば，次の Code セルにおいて list の変数 zero_variable_numbers でそれらの特徴量の番号を指定して (複数の番号があっても構いません)，実行してから，さらに次の Code セルを実行して実際に 0 にしてください．その次の Code セルで変換した generated_x を確認できます．今回は 0 にすべき特徴量がないため，3 つの Code セルを実行せずに飛ばします．

　サンプルデータセットとして用いている樹脂材料のデータセットでは，raw_material_1 から raw_material_3 までの合計が 1 という制約がありました．そのため 0, 1, 2 番目の特徴量の合計が 1 になるように，特徴量の合計で各特徴量を割り，制約の値 (今回は 1) を掛けることで generated_x を変換します．なお，そのような制約がなく変換の必要がないときは，9 つの Code セルを実行せずに飛ばしてください．まずは次の Code セルを実行して，変換のために必要な NumPy におけるライブラリ matlib を import します．desired_sum_of_components = 1 と書かれた Code セルを実行して，合計の制約の値を設定します．この値を 100 にすると，合計を 100 にすることになります．次の Code セルで，設定した desired_sum_of_components に合計を制約したい特徴量の番号を list で設定します．今回は 0, 1, 2 番目の特徴量の合計に制約があるため，list_of_component_numbers = [0,1,2] となります．次の Code セルで設定した特徴量の合計を計算し，actual_sum_of_components という変数に代入しています．実行して，さらに次の Code セルで内容を確認しましょう．サンプルごとに特徴量の合計で対象の特徴量の値を割りますが，割るほうである actual_sum_of_components は要素数がサンプル数のベクト

ルであり，割られるほうである generated_x[:, list_of_component_numbers] は
(サンプル数×対象の特徴量の数) の行列であり，ベクトルと行列で異なるため単純
には割れません．actual_sum_of_components を特徴量の数だけコピーして (サン
プル数×対象の特徴量の数) の行列を作成するため，np.matlib.repmat( ) を使
用します．np.matlib.repmat(行列の変数,行の数,列の数) とすることで，行列の
変数を行の数だけ縦にコピーし，さらに列の数だけ横にコピーして増やせます．今
回は (サンプル数×1) の行列を，(サンプル数×対象の特徴量の数) の行列にするた
め，行の数は 1, 列の数は対象の特徴量の数です．次の Code セルを実行して変換し
た行列を actual_sum_of_components_converted という変数に代入し，さらに次
のセルでその内容を確認しましょう．なお，np.reshape( ) は np.reshape(ベク
トルの変数,行列のサイズ) とすることでベクトルを行列に変換できる関数であり，
今回は np.reshape(actual_sum_of_components,(generated_x.shape[0],1)) と
して，要素数がサンプル数のベクトルを (サンプル数×1) の行列に変換していま
す．次の Code セルを実行して，サンプルごとに特徴量の合計で対象の特徴量の値
を割り，合計の制約の値を掛けることで generated_x を変換し，さらに次のセル
で対象の特徴量の合計が制約の値になっていることを確認しましょう．

　いくつかの特徴量の合計に制約があり，制約を満たすように generated_x の特
徴量の値を変換したとき，特徴量によっては変換したことで上限値を超えてしまっ
たり，下限値を下回ってしまったりするサンプルがあると考えられます．これらの
サンプルを削除します．そのために np.where( ) を用います．これは ( ) 内の
条件に当てはまるサンプルの番号や特徴量の番号を出力する関数です．deleting_
sample_numbers, corresponding_variable_numbers = np.where(generated_x >
x_upper.values) と書かれたセルを実行すると，上限値を上回る削除すべきサンプ
ル番号が deleting_sample_numbers に，対応する特徴量の番号が corresponding_
variable_numbers に代入されます．ただし，deleting_sample_numbers のみ使
用し，corresponding_variable_numbers は使用しません．次にセルを実行して，
deleting_sample_numbers の内容を確認しましょう．これらの番号のサンプルを
削除するためには np.delete( ) を使用します．次のセルを実行しましょう．axis
= 0 とすることで指定した番号のサンプルを削除するようにしています (axis = 1
とすることで指定した番号の特徴量を削除できます)．以降の 3 つのセルで下限値
を下回るサンプルを削除します．これらを実行しましょう．ただし今回は，下限値
を下回るサンプルはありません (ですが，実行しても問題ありません)．次のセル

を実行してデータセットの大きさを出力し，サンプル数を確認すると，`number_of_generated_samples` で指定したサンプル数（初期設定では 10 000）より小さくなっており，サンプルが削除されていることがわかります．

四捨五入で端数処理をしたいときは，次の Code セルにおいて list の変数 `effective_digits` で特徴量ごとの桁の数を指定して実行してから，さらに次の Code セルを実行しましょう．桁数の指定の仕方として，小数点 m 桁目まで残したい（$(m+1)$ 桁目を四捨五入したい）場合は m，10 の n 乗の位まで残したい（10 の $(n-1)$ 乗の位で四捨五入したい）場合は $-n$ とします．サンプルデータセットでは，raw_material_1，raw_material_2，raw_material_3 の特徴量は小数点 2 桁目まで残し，temperature の特徴量は 10 の 0 乗の位まで残し，time の特徴量は 10 の 1 乗の位まで残すようにしています．次のセルを実行して `generated_x` の内容を確認すると，指定した桁で端数処理されていることを確認できます．なお，端数処理の必要がなければ，これらの 3 つの Code セルを実行せずに飛ばしてください．

次の Code セルを実行すると，`generated_x` を DataFrame 型に変換するとともに，特徴量の名前を x の特徴量の名前にします．さらに次のセルを実行して，最初から 30 サンプルの内容を確認しましょう．その次のセルを実行することで，`generated_x` の内容が virtual_resin_x_for_prediction.csv という名前のファイルに保存されます．作業フォルダにある virtual_resin_x_for_prediction.csv をエクセル等で開いて内容を確認しましょう．

以上のようにして，図 10-2 の "x の多数のサンプル候補" を生成できました．

10.2 仮想サンプルの予測および候補の選択

前節において生成した，図 10-2 の "x の多数のサンプル候補" を用いて，y の値を予測します．さらに，AD（第 9 章参照）および y の予測値に基づいて，図 10-2 における y の予測結果が良好な x のサンプル候補を選択します．

サンプル Notebook は sample_program_10_2.ipynb です．サンプル Notebook では以下の流れで解析が行われます．

   ① 回帰モデル（SVR モデル）の構築〈8.7.2 項〉

   ② 新たなサンプルの予測〈8.4 節〉

   ③ データ密度（k-NN により計算）による AD の設定〈9.2 節〉

特に新しい内容はなく，これまで学習した内容の組合せです．8.4 節や 8.7.2 項や

9.2 節の復習もかねて，サンプル Notebook の内容を読みながら実行していきましょう．AD を設定したあと，AD 内のサンプルにおける y の予測値のみを estimated_y_prediction_inside_ad.csv という名前の csv ファイルに保存しており，さらに最後に，すべてのサンプルにおける y の予測値と k-NN における距離の平均を results_prediction.csv という名前の csv ファイルに保存しています．なお，DataFrame 型の 2 つの変数を結合するため，pd.concat( ) を用いています．pd.concat([変数名 1,変数名 2],axis＝0) とすることで縦方向に，pd.concat([変数名 1,変数名 2],axis＝1) とすることで横方向に，2 つの変数を結合できます．AD 内のサンプルから選択するだけでなく，データ密度の大きさもふまえてサンプルの選択を検討したい場合は results_prediction.csv を用いましょう．

　目標の y の値ごとに，その目標値と y の予測値が近く，かつデータ密度の大きいサンプルを選択することで，目標値を達成すると考えられる x の候補を得られるようになりました．その x で実験・製造することで，予測された y の値を実現できると考えられます．しかし第 9 章で説明したように，いくら y の予測値が目標値と近いサンプルでも，データ密度が小さいほど予測どおりの結果になる可能性は低いため注意しましょう．本章で学んだモデルの逆解析を，"まえがき" で述べたような分子設計・材料設計・プロセス設計などにぜひ活用してください．

11

目標達成に向けて実験条件・製造条件を提案する

第 10 章ではモデルの逆解析を扱い，構築されたモデルを用いて目的変数 y の値が不明な（大量の）サンプルにおいて，モデルの適用範囲（Applicability Domain, AD）を議論しながら，説明変数 x の値から y の値を予測できるようになりました．本章は実験計画法（Design of Experiments, DoE）と応答曲面法（Response Surface Methodology, RSM）を扱います．実験条件における多くの候補の中から最初に実験する候補や，実験結果のデータセットを用いて構築された回帰モデルにより次の候補を選択できるようになることを目標とします．

事前準備として，サンプル Notebook である sample_program_11_generation. ipynb を用いて，本章で用いるサンプルを生成して保存してください．サンプル Notebook の内容は 10.1 節の内容の一部であるため，不明点のある方は 10.1 節をお読みください．サンプル Notebook の内容を確認しながら実行し，用いる 10 万サンプルを all_experiments.csv という名前の csv ファイルに保存しましょう．

実験計画法や応答局面法を実行するための本章のサンプル Notebook は sample_program_11.ipynb です．

11.1 実験計画法（Design of Experiments, DoE）

いま，高機能性材料を開発するときに実験条件もしくは製造条件を変更することで，材料の機能性向上のために物性の目標の達成を目指すことを考えます．たとえば，反応温度・保持時間（反応温度へ昇温し保持した時間）・触媒量といったさまざまな実験条件と，それによって得られる材料の物性とがそろったデータセットを，これまで本書で扱ってきたサンプルデータセットと同じ形式で準備できれば，

実験条件から物性を推定する回帰モデルの構築が可能です．まだ実験していない実験条件の候補でも，モデルに入力することで物性を推定できます．そして，良好な推定結果となった実験条件の候補から順番に実際に実験をすることで，物性を制御し，要求仕様を満たす物性値を実現することを期待できます．

　実験条件と物性のデータセットがない場合はどうしたらよいでしょうか．実験しながら物性の制御および目標達成を目指すときに，最初に実験する候補を決める必要があります．候補を決める方法として，古くから直交表[48]が使われてきましたが，直交表では各実験条件の値や候補の数を自由に決めることが難しいため，本書ではより柔軟に候補を決められる方法を扱います．

　たとえば，5種類の実験条件があり，それぞれについて10通りの設定値候補があるとすると，すべての組合せは10^5通り（10万通り）であり，そのすべての組合せについて実験をすることは非現実的です．この中から，実験条件から物性を推定するモデルを効果的に構築するために必要な実験条件の候補を決める方法の1つがDoEです．たとえば実験回数を30回とした場合に，良好なモデルを構築することのできる30サンプルのデータセットを選択することがDoEの目的となります．

　これまで本書でモデルを評価した方法では，xとyのデータセットがないとモデルの良し悪しは評価できませんでしたが，最小二乗（Ordinary Least Squares, OLS）法による線形重回帰分析で良好なモデルを構築するための必要条件であれば，データセットのない状況においても検討できます．8.4.2項においてOLS法による回帰係数のベクトル$\mathbf{b}$は以下の式で表されました．

$$\mathbf{b} = (\mathbf{X}^\mathrm{T}\mathbf{X})^{-1}\mathbf{X}^\mathrm{T}\mathbf{y} \tag{11.1}$$

ここで$\mathbf{X}$と$\mathbf{y}$はそれぞれx, yのトレーニングデータです．

　回帰係数を得るためには式(11.1)の逆行列$(\mathbf{X}^\mathrm{T}\mathbf{X})^{-1}$を計算できる必要があります．逆行列が計算できない状況に近いと，8.4節のサンプルNotebookで確認したように標準回帰係数の値が不適切に正や負に大きくなってしまうことがあり，良好なモデルの構築は困難になってしまいます．逆行列の計算ができずモデル構築が困難な状況に近いときは，$\mathbf{X}^\mathrm{T}\mathbf{X}$の行列式が小さくなります．そこでDoEでは，良好なモデルを構築できる$\mathbf{X}$を得るため，$\mathbf{X}^\mathrm{T}\mathbf{X}$の行列式が大きくなるような実験条件の候補を選びます．こうすることで実験結果がなくても，実験条件（説明変数）のデータセットのみから候補を選ぶことができます．なお，$\mathbf{X}^\mathrm{T}\mathbf{X}$の行列式（D最適基準）はDoEにおいて実験候補を選択するために最適化（今回は最大化）するパラメータの一例であり，他にもA最適基準やE最適基準など[49]があります．逆行

列や行列式については筆者のサポートページ[20]や線形代数の入門書[50]が参考になります.

実際に DoE で実験条件の候補を選択しましょう.サンプル Notebook では3つの実験条件があることを仮定しており,10万通りのサンプル候補(all_experiments.csv)は事前に,もう1つのサンプル Notebook である sample_program_11_generation.ipynb を実行して生成しています(まだ all_experiments.csv がない方は実行して生成しましょう).

サンプル Notebook において,使用するライブラリを import したあと,次のセルを実行して全候補のデータセットを読み込み,その次のセルを実行することでデータセットを表示して確認してください.

次のセルで実験条件の候補ごとの順番(インデックス)の list を作成します.さらに,次のセルを実行して結果を確認しましょう.次のセルで最初に実験する候補の数を決めます.number_of_first_experiments = 30 を実行しましょう.その次の Code セルで D 最適基準が大きくなるように 30 の候補を選択します.number_of_random_searches = 1000 で繰返し回数を決め(np.random.seed(111)については後述します),for 文で以下の①〜③を繰り返します.

①　ランダムに候補を選択

②　特徴量を標準化したあとに D 最適基準を計算

③　D 最適基準が前回までの最大値を上回ったら,選択された候補を更新

これにより,D 最適基準の値が大きい候補の組合せを選択できます.①でランダムに選択するために np.random.choice( ) を使用します.np.random.choice(all_experiment_indexes, number_of_first_experiments)とすることで,インデックスの list である all_experiment_indexes から number_of_first_experiments 個だけランダムに要素を取り出せます.なお,for 文の前で np.random.seed(111) としたのは乱数の再現性のためです.これをしないと,np.random.choice( ) で選択される内容が実行ごとに変わり最終的に選択される実験候補が変わってしまいますが,np.random.seed( ) の( )内に適当な数字を指定することで結果(発生する乱数)の再現性を担保できます.②で D 最適基準を求めるために $\mathbf{X}^\mathrm{T}\mathbf{X}$ を計算します.変数名.T とすることで行列を転置でき,np.dot(変数名 1, 変数名 2)で2つの変数においてそれらの行列の積を計算できます.サンプル Notebook では $\mathbf{X}^\mathrm{T}\mathbf{X}$ を xt_x という変数に代入しています.行列式を計算するには np.linag.det( ) を使用します.③で変数をコピーするときには変数名.copy( ) とします.このセル

を実行して候補を選択し，その次のセルで選択された候補のインデックスを，さらに次のセルで選択された候補を確認しましょう．そして，次のセルを実行して相関行列を計算し，実験条件間の相関係数の絶対値が小さいことを確認しましょう．説明変数間の情報の重複が小さい，つまり共線性（8.5.2項参照）の影響が小さい候補が選ばれています．その次のセルを実行して，選択された候補を csv ファイルに保存しましょう．

11.2　応答曲面法（Response Surface Methodelogy, RSM）

DoE で選択された実験条件の候補で実験をします．すべての実験が終了し，たとえば材料の収率や物性といった目的変数の値が得られたら，それらを用いて実験条件（説明変数）と目的変数との間で OLS 法により回帰モデルを構築します．実験計画法で選択されなかった候補を回帰モデルに入力することで，実験することなく目的変数の値を推定できます．これにより，目的変数の推定値が良好な実験条件の候補を次に実験すべき候補として選択できます．なお，説明変数間の共線性は小さいため，回帰モデル構築手法は PLS 法でなく，OLS 法による線形重回帰分析で十分です．説明変数と目的変数との間の非線形性を考慮するため，各説明変数の二乗項や 2 つの説明変数のすべての組合せにおける交差項を説明変数に追加することもあります．このような方法で DoE により得られた候補と実験の結果得られた目的変数のデータセットを用いて，説明変数と目的変数との間で回帰モデルを構築し，新たな候補を探索する手法を応答曲面法（Response Surface Methodology, RSM）[51] と呼びます．

サンプル Notebook で RSM を実行しましょう．実際には前節で選択した候補で実験する必要があります．本書では実験することはできませんので，3 つの実験条件 x_1, x_2, x_3（たとえば有機合成における反応温度・保持時間・触媒量）の候補で実験をして目的変数 y（材料の収率）を得る代わりとして以下の非線形関数で x_1, x_2, x_3 から y を計算して，y の値がなるべく大きい x_1, x_2, x_3 の値を提案することを目指します．

$$y = \frac{1 - \frac{1}{4000} \sum_{i=1}^{3} x_i^2 + \prod_{i=1}^{3} \cos\left(\frac{x_i}{\sqrt{i}}\right)}{2} \tag{11.2}$$

式(11.2) は Griewank 関数[52] と呼ばれる非線形関数を変形した式です．Griewank

関数は非常に多くの局所解をもつ多峰性の関数で，数値実験のベンチマークに応用される関数の1つです．最初の Code セルを実行して前節で選択した実験条件 x_1, x_2, x_3 の 30 の候補における y を計算しましょう．コサインの計算には np.cos( ) を用います．次のセルを実行して計算された y の値を，さらに次のセルを実行して現状の y の最大値を確認しましょう．実際に実験したときには，y に対応する実験結果を格納した csv ファイルを準備し，そのファイルから y を読み込むのがよいでしょう．その後，OLS 法による回帰モデルの構築や CV を用いたモデルの推定性能の検証を行います．該当するセルを実行しましょう．r^2 の値は小さく，モデルで y のばらつきを説明できていないことがわかります．つまり，モデルの推定性能は低いといえます．

続いて，x として，実験条件だけでなく各実験条件の二乗項や2つの実験条件のすべての組合せにおける交差項を使用することで，x と y との間の非線形性を考慮して OLS 法により回帰モデルを構築します．2つの Code セルで x のデータセットを作成し，次のセルで表示して確認しましょう．なお，DataFrame 型の2つの変数を結合するため，pd.concat( ) を用います．pd.concat([変数名1,変数名2],axis = 0) とすることで縦方向に，pd.concat([変数名1,変数名2],axis = 1) とすることで横方向に，2つの変数を結合できます．

その後，OLS 法による回帰モデルを構築し，CV を用いたモデルの推定性能の検証を行います．該当するセルを実行しましょう．CV の結果を確認すると，線形の回帰モデルと比較して非線形の回帰モデルのほうが r^2 が高く MAE が小さいことがわかります．すなわち，非線形モデルのほうが良好な推定性能であるといえます．

次に，非線形モデルを用いて次に実験する候補を選択します．まだ実験していない候補のインデックスを得るため，すべての候補のインデックスの list からすでに選択された候補のインデックスを削除します．削除するためには np.delete( ) を使用します．最初のセルを実行しましょう．この結果を用いて，次のセルでまだ実験していない候補を選択します．その次のセルで候補を表示して確認しましょう．これらの候補を非線形モデルに入力するために，もとの実験条件に加える二乗項と交差項を準備します．次の3つの Code セルを実行して，それらを含む変数 nonlinear_new_x を作成し，表示して確認しましょう．

各候補に対応する y の値を推定し，推定結果を保存します．該当するセルを実行しましょう．その後，データ密度で AD を設定（9.2 節参照）します．AD 外の候補においては y の推定値に -10^{10} という負に大きい値を代入することで，次の候

補から除外できます．AD 内の候補から選択する場合は該当するセルを実行しま
しょう．AD 外の候補からも選択したい場合はそのセルを実行せず飛ばしてくださ
い．AD を考慮した y の推定値が格納された変数 estimated_new_y が得られたあ
と，y の推定値の最大値や，最大値となる y のインデックスを確認します．Data-
Frame 型の変数における最大値のインデックスを得るには変数名.idxmax( )を
用います．該当するセルを実行しましょう．その結果を用いて，次のセルでそのイ
ンデックスの候補を次の実験候補として選択しています．さらにその次のセルも実
行し，表示してその候補を確認しましょう．

　選択された候補で再度実験することになります．サンプル Notebook では，実験
の代わりとなる式(11.2)を用いて y の値を計算しています．該当するセルを実行
し，その次のセルで結果を確認しましょう．さらに次のセルで，これまでの y の
最大値を表示します．最大値が更新されたか確認しましょう．

　本節では，RSM として各 x の二乗項や 2 つの x のすべての組合せにおける交差
項を x に追加することで，x と y の間の非線形を考慮したあとに，OLS 法による
線形重回帰分析を行いましたが，(x の二乗項や交差項を追加する前に) x と y の
間で 8.7.2 項のガウシアンカーネルを用いた SVR モデルを構築することで，x と
y の間の非線形性を考慮することもできます．

11.3　適応的実験計画法（Adaptive Design of Experiments）

　RSM により次の実験候補を選択し，実際に実験することを繰り返すことで目的
変数を向上させる方法を適応的実験計画法（Adaptive Design of Experiments）[53]
と呼びます．サンプル Notebook では，最初の Code セルで新しく実験した候補の
インデックスを確認し，それを次のセルでこれまで選択された候補のインデックス
の変数に追加します．実行し，その次のセルで実際に表示して追加されたことを確
認しましょう．次のセルで y の変数に新しい実験結果を追加し，さらに次のセル
で表示して確認してください．次のセルでこれまでの実験候補に新しい候補を追加
しています．さらにその次のセルも実行し，確認しましょう．最後に選択された候
補を csv ファイルに保存します．サンプル Notebook において，"説明変数と目的
変数との間の非線形性を考慮した OLS による回帰モデルの構築"のセルから最後
のセルまでを繰り返し実行すると適応的実験計画法になります．繰り返し実行し，
y が大きくなるような候補の探索を行いましょう．

今回は y の最大化を目指しましたが，y の最小化を目指す場合は，以下の2つを行うことで同じプログラムを利用できます．

 ✓ y に −1 を掛ける
 ✓ AD を考慮したいときは，AD 外の候補において y の推定値に 10^{10} という正に大きい値を代入する

12

化学構造を扱う

　第 11 章では，実験計画法（Design of Experiments, DoE）と応答曲面法（Response Surface Methodology, RSM）を扱い，多くの実験条件候補の中から最初に実験する候補や，実験結果のデータセットを用いて構築された回帰モデルにより次の候補を選択できるようになりました．本章では，化学構造を扱い，化学構造の数値化ができるようになることを目標とします．

　サンプル Notebook は sample_program_12.ipynb です．

12.1　RDKit のインストール

　本章では化学構造を扱うため，RDKit[54] と呼ばれるパッケージをインストールする必要があります．Windows の方は，はじめに Anaconda Prompt を起動しましょう．スタートボタン → Anaconda3（64-bit）→ Anaconda Prompt で起動できます．macOS の方は，はじめにターミナルを起動しましょう．Launchpad → その他 → ターミナルで起動できます．

　Anaconda Prompt もしくはターミナルにて，"conda install -y -c rdkit rdkit" と入力して，Enter キーを押すことで RDKit のインストールを実行しましょう．インストール終了後，サンプル Notebook の該当箇所でインストールが成功したか確認しましょう．インストールできなかった場合は，筆者のサポートページ[55] に対処法の説明があります．

12.2 化学構造の表現方法

これまでのデータ解析において，データセットの可視化・クラスタリング・クラス分類・回帰分析・実験計画法を行う際，解析対象が数値の特徴量で表されていました．同様に解析対象として化合物を扱うとき，化学構造を考慮するためには，その情報を数値化する必要があります．まずは数値化しやすい形式で化学構造を表現する方法を2つ説明します．

12.2.1 SMILES（Simplified Molecular Input Line Entry System）

1つは SMILES（Simplified Molecular Input Line Entry System）です．SMILESでは1行の文字列で化学構造が表現され水素原子は省略されます．たとえばエタノールの SMILES は CCO です．図 12-1 のアラニンのように分岐がある場合は，CC(N)C(=O)O のように（ ）を用います．二重結合は＝，三重結合は # です．芳香族環の原子は小文字になり，同じ数字で環の始まりと終わりを表します．たとえば，ベンゼンは c1ccccc1. です．

他の SMILES の規則については OpenSMILES の解説[56]をご覧ください．ただし皆さんが直接，構造式から SMILES を書く，あるいは SMILES から構造式を書くことは基本的にありませんので，規則を覚える必要はありません．ChemDraw JS[57]や Marvin JS[58]などのウェブサービスや Marvin[59]の MarvinSketch などの構造式描画ソフトウェアを用いることで，分子の構造式を描き，それを SMILES に変換，または SMILES から構造式に変換して表示できます．

SMILES ではシス-トランス異性体などの立体配置による異性体の違いは判別できます．その一方で，シクロヘキサン環のいす形・ねじれ舟形などの立体配座による異性体の違いは表現できないため注意しましょう．SMILES では1つの分子が1

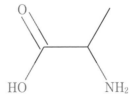

図 12-1 アラニンの化学構造を Jupyter Notebook で描画した結果
Jupyter Notebook では，酸素原子およびその周辺が赤色，窒素原子およびその周辺が青色といったように自動的に色付けされます．

行で表されるため，化学構造のデータサイズを抑えられます．多くの分子を扱うときに有効です．

　サンプル Notebook において，SMILES を分子として読み込み，化学構造を描画します．最初のセルを実行して必要なモジュールを import します．SMILES を分子として読み込むには `Chem.MolFromSmiles( )` を用います．SMILES の文字列を引数とすることで，それを RDKit で分子として扱える型に変換します．該当するセルを実行しましょう．次のセルを実行して型を調べると，`rdkit.Chem.rdchem.Mol` と表示されます．これを Mol 型と呼びます．Mol 型の変数を直接扱うことはなく，RDKit の関数を介して扱います．`Chem.MolToSmiles( )` を用いて Mol 型の変数を引数とすることで，SMILES の文字列に変換できます．該当するセルを実行して結果を確認しましょう．

　次に，読み込んだ分子を描画します．該当するセルを実行して必要なモジュールを import してください．Mol 型の変数で表された化学構造を描画するには `Chem.Draw.MolToImage( )` を用います．Mol 型の変数を引数とすることで，その化学構造を描画できます．次のセルを実行して，図 12-1 のように化学構造が描画されることを確認しましょう．

12.2.2　Molfile

　化学構造のもう 1 つの表現方法は Molfile 形式です．Molfile 形式で記載された MOL ファイルには，原子の種類やその位置に関する情報や結合の情報などが含まれています．図 12-1 のアラニンの化学構造に対応する MOL ファイルを図 12-2 に示します．サンプルデータセットに含まれる alanine_with_H.mol をテキストエディタで開くと，図 12-2 の { より右側と同様の内容が表示されます．図 12-2 において，最初の 3 行は header block と呼ばれ，この部分には自由に記述できます．MOL ファイルを作成したソフトウェアの名前や分子の名前などの情報が記載されることが一般的です．次の行は counts line と呼ばれ，原子数と結合数が記載されます．アラニンは原子数が 13，結合数が 12 であることがわかります．次の行から原子数ぶんの行は atom block と呼ばれ，各原子の 3 次元座標と種類が記載されます．たとえば，1 番目の原子の 3 次元座標は $(1.7168, 0.1992, 0.0000)$ であり種類は炭素原子 C であることがわかります．atom block の下にある結合数ぶんの行は bond block と呼ばれ，2 つの原子の番号とその間の結合の種類が記載されます．たとえば 1 つ目からは，atom block における 1 番目の原子 $((1.7168, 0.1992, 0.0000)$ の

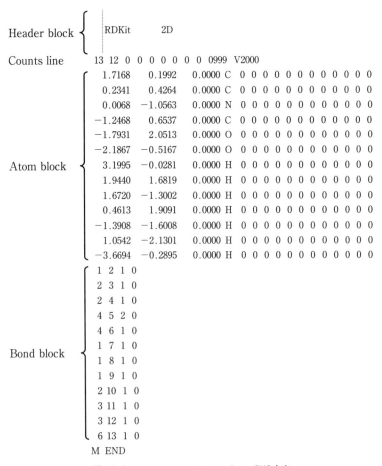

図12-2 アラニンの MOL ファイルの記述内容

C) と 2 番目の原子 ((0.2341, 0.4264, 0.0000) の C) とが単結合 (1) で結合して
いることがわかります. なお結合の種類として, 2 は二重結合, 3 は三重結合を表
します. 最後の行の M END は 1 つの分子の終わりを意味します. その他, 0 が並
んでいる部分などの詳細を知りたい方は MOL ファイルの仕様書[60, 61]をご覧くだ
さい. ただし, 基本的に MOL ファイルを直接作成することはありません.
SMILES と同様にウェブサービスやソフトウェアを利用して, 描画した構造式か
ら MOL ファイルに変換, または MOL ファイルから構造式に変換して表示します.
また ChEMBL[62] や PubChem[63] などの公共のデータベースから MOL ファイルを

表 12-1　SMILES と Molfile の比較

	SMILES	Molfile
化学構造の表現方法	1 行の文字列	原子の種類・位置および原子間の結合
1 つの化学構造あたりのデータサイズ	小さい	大きい
立体配座による異性体の違い	表現できない	表現できる

ダウンロードすることも可能です.

　alanine_with_H.mol では水素原子の情報が明示的に記載されていますが，ファイルの大きさを小さくするために水素原子を省略した alanine.mol のような MOL ファイルも使用できます．Molfile は SMILES よりデータ量が大きくなってしまいますが，SMILES で区別できなかった立体配座による異性体の違いも区別できます（表 12-1）.

　サンプル Notebook において，MOL ファイルを読み込み，分子の化学構造を描画しましょう．MOL ファイルを読み込むには `Chem.MolFromMolFile( )` を用います．ファイル名の文字列を引数とすることで，それを RDKit で分子として扱える型に変換します．該当するセルを実行しましょう．次のセルを実行して型を調べると，SMILES のときと同様に Mol 型です．Mol 型の変数を `Chem.MolToSmiles( )` を用いて SMILES の文字列に変換できます．該当するセルを実行して結果を確認しましょう.

　そして，SMILES と同様に読み込んだ分子を描画します．次のセルを実行してアラニンの化学構造が描画されることを確認しましょう.

12.3　化合物群の扱い

　本書において回帰分析などの例題として用いてきた沸点のデータセットは，沸点の測定された 294 個の化合物でした．このような化合物をデータセットとして整理する方法や扱う方法について説明します.

　データセットとして整理する方法の 1 つは，molecules_with_boiling_point.csv のように化合物ごとに SMILES と物性・活性などを併記する方法です．物性・活性は複数でも構いません．サンプル Notebook においてデータセットを読み込みます．最初に pandas を import したあと，csv ファイルを読み込みます．次のセルで読み込んだデータセットを表示して確認します．物性・活性に対応する列を新たに

y の変数とします．該当するセルを実行しましょう．その次のセルで y を表示して
確認します．SMILES は 1 つずつ Mol 型に変換し，リスト型の変数 molecules_
from_smiles に追加していきます．for 文のある該当するセルを実行しましょう．
次のセルを実行し，molecules_from_smiles の長さが 294 と化合物の数と等しい
ことを確認しましょう．これで csv ファイルから物性情報と化学構造情報を読み込
むことができました．

　もう 1 つの整理法は Structure-Data File（SDF）と呼ばれるデータ形式で整理す
る方法です．ファイルの拡張子が sdf であることから，SDF ファイルとも呼ばれ
ます．公共のデータベースから化合物群をダウンロードするときに，SDF である
ことが多いです．

　molecules_with_boiling_point.sdf をテキストエディタで開くと，MOLfile が並ん
でいることがわかります．各化合物において，MOLfile に続いて ＞ 〈プロパティ
名〉（任意の文字列）のあとにプロパティの情報があります．今回のプロパティは
Boiling Point です．プロパティの種類は複数でも構いません．1 つの化合物の終わ
りは $$$$ で表現されます．

　サンプル Notebook において SDF のデータを読み込みます．SDF を読み込むに
は Chem.SDMolSupplier( ) を用います．SDF のファイル名を引数にすることで，
そのファイルの内容を読み込めます．最初のセルを実行して，まずは SDF を sdf
という変数として読み込みましょう．次に sdf からプロパティ情報や化学構造情報
を取り出します．Mol 型の変数からプロパティ情報を選択するには，**変数名.**
GetProp（プロパティ名の文字列） とします．ただし，プロパティは文字列として選
択されるため，沸点のような連続値の場合は float( ) で小数に変換する必要が
あります．for 文のある該当するセルを実行しましょう．次のセルを実行し，
molecules_from_smiles の長さが 294 と化合物の数と等しいことを確認しましょ
う．沸点が格納された変数は DataFrame 型に変換します．該当するセルを実行し
ましょう．これで SDF から物性情報と化学構造情報を読み込めました．

12.4　化学構造の数値化

　読み込んだ化学構造情報に基づいて，化学構造を数値化します．数値化した特徴
量のことを，分子記述子や構造記述子，もしくは単に記述子と呼びます．本書で用
いていた descriptors_8_with_boiling_point.csv には 8 つの記述子，descriptors_

33_with_boiling_point.csv には 33 の記述子がありました.

サンプル Notebook で記述子の計算をします.最初のセルを実行して必要なモジュールを import します.RDKit で計算できる記述子の名前と関数の情報が Descriptors.descList に格納されています.Descriptors.descList のセルを実行して表示させたとき, 'MaxEStateIndex' や 'MinEStateIndex' が記述子の名前であり, <function rdkit.Chem.EState.EState.MaxEStateIndex(mol,force = 1)> や <function rdkit.Chem.EState.EState.MinEStateIndex(mol,force = 1)> が記述子を計算する関数の情報です.今回はそこからすべての記述子の名前を選択します.for 文のある該当するセルを実行し,リスト型の変数 descriptor_names に記述子名を追加していきましょう.その次のセルで記述子の名前を,さらに次のセルで記述子の数を確認しましょう.記述子には 8.4 節で説明した 8 つの記述子も含まれています.他の記述子を調べたい場合は,"RDKit 記述子名"でウェブ検索することや,記述子リスト[64]にある参考文献を参照することや,記述子の本[65]を辞書的に用いることをおすすめします.

MoleculeDescriptors.MolecularDescriptorCalculator( ) の引数として記述子の名前を渡すことで,計算する記述子を指定します.該当するセルを実行しましょう.分子ごとに記述子を計算し,結果をリスト型の変数に追加していきます.for 文のある該当するセルを実行しましょう.そのセルでは各分子の SMILES もリスト型の変数に追加しています.次の 4 つのセルで記述子の計算結果が格納された変数を DataFrame 型に変換し,列名や行名を設定し csv ファイルに保存しています.該当するセルを実行しましょう.以上により,化合物群において記述子のデータセットが得られますので,お手元のデータセットが分子であっても,第 6, 7, 11 章で学んだデータの可視化・クラスタリング,実験計画法による化学構造の選択,さらに y も用いることで第 8～10 章で学んだクラス分類や回帰分析およびモデルの適用範囲や逆解析が可能になります.

12.5 化学構造のデータセットを扱うときの注意点および データセットの前処理

クラス分類や回帰分析を行うとき,データセットをトレーニングデータとテストデータに分けたあと,記述子の標準化(オートスケーリング)をします.記述子をその標準偏差で割りますが,すべての化合物で値が 0 になるような標準偏差が 0 の

記述子があると 0 で割ることになってしまうため，事前に標準偏差が 0 の記述子を削除する必要があります．

　サンプル Notebook において標準偏差が 0 の記述子を削除します．最初のセルで必要なモジュールを import し，その次のセルで descriptors と y をそれぞれトレーニングデータとテストデータに分割します．次のセルで記述子の標準偏差を表示します．たとえば，NumRadicalElectrons など標準偏差が 0 の記述子が存在しています．次のセルのようにすると標準偏差が 0 の記述子，つまり削除したい記述子のみ True になります．実行して確認しましょう．その次のセルを実行して削除する記述子の名前を，さらに次のセルを実行して削除する記述子の数を確認します．

　ある変数における特定の記述子を削除するには，**変数名.drop(記述子名の文字列,axis = 1)** とします．なお，**変数名.drop(サンプル名の文字列,axis = 0)** とすれば，特定のサンプルを削除できます．該当するセルを実行し，トレーニングデータから標準偏差が 0 の記述子を削除して，x_train_new に代入しましょう．次のセルで x_train_new の大きさを確認すると，列の数が削除前と比べて小さくなっていることがわかります．次の 2 つのセルでテストデータにおいても同様の操作をします．削除する記述子をトレーニングデータで削除した記述子とそろえるため，テストデータではなくトレーニングデータにおいて標準偏差が 0 の記述子を削除することに注意してください．削除後，適切にオートスケーリングできるようになります．該当するセルを実行しましょう．なお，標準偏差が 0 の記述子の削除は，トレーニングデータとテストデータに分割したあとに行ってください．分割前に削除しても，分けたあとに新たに標準偏差が 0 になる記述子がでる可能性があるためです．

　化合物群の扱い，化学構造の数値化，記述子の削除について，サンプル Notebook に水溶解度のデータセット[18] を用いた練習問題があります．トライしてみましょう．

おわりに

　これまでお付き合いいただき読者の皆様に深く感謝申し上げます.

　本書では，まず実行環境・ソフトウェアの使い方などの Python の基礎を学び，データセットの読み込み・確認・保存ができるようになりました．次に，基本的な統計解析およびデータ解析・機械学習の具体的な手法について学びました．データセットの可視化により特徴量の数が多いデータセットにおいてもサンプル全体の様子を可視化でき，クラスタリングにより類似したサンプルごとに自動的にグループ分けできます．化合物や材料の物性・特性・活性のような目的変数 y がある場合は，クラス分類や回帰分析により，新しいサンプルの目的変数の推定や推定結果の評価ができます．また，モデルの適用範囲によりクラス分類や回帰分析の推定結果の信頼性を議論できます．構築された回帰モデルを用いることで，多数の化学構造から物性値を推定することによる良好な物性値をもつ化学構造の設計や，何万もの実験条件の候補から所望の材料を作るための実験条件の設計，化学プラントにおける温度・圧力といったセンサー等で容易に測定可能なプロセス変数から製品品質を代表する濃度・密度等の測定困難な変数のリアルタイム推定が可能になります.

　まだ y のデータセットがない場合は，実験計画法により最初に行う実験の実験条件を提案できます．さらに，実験後に実験結果を回帰分析することで，y の目標値を達成するための次の実験条件を探索できます．データセットの中に化学構造があっても，それを数値化することで上記の解析ができます.

　本書により，データセットを解析・分析した結果を活用し，ご自身の研究や開発における壁を乗り越えたり，推進を加速させたりできるようになっていることを期待いたします.

参 考 資 料

[1] https://datachemeng.com/page-3775/
[2] https://www.python.jp/install/anaconda/
[3] https://datachemeng.com/anaconda_jupyternotebook_install/
[4] https://www.google.com/intl/ja_jp/chrome/
[5] https://github.com/hkaneko1985/python_chem_chem_eng/
[6] https://dekiru.net/article/13419/
[7] https://macdrivelove.com/entry4.html
[8] http://www.markdown.jp/
[9] https://qiita.com/tbpgr/items/989c6badefff69377da7
[10] 山田祥寛，"独習 Python"，翔泳社（2020）．
[11] R. A. Fisher, *Annals of Eugenics*, **7**, 179-188 (1936).
[12] https://en.wikipedia.org/wiki/Iris_flower_data_set
[13] https://pandas.pydata.org/
[14] https://matplotlib.org/
[15] 高橋 信，"マンガでわかる統計学"，オーム社（2004）．
[16] 東京大学教養学部統計学教室 編，"統計学入門"，第 5 章，東京大学出版会（1991）．
[17] L. H. Hall, C. T. Story, *J. Chem. Inf. Comput. Sci.*, **36**, 1004-1014 (1996).
[18] T. J. Hou, K. Xia, W. Zhang, X. J. Xu, *J. Chem. Inf. Comput. Sci.*, **44**, 266-275 (2004).
[19] A. Rácz, D. Bajusz, K. Héberger, *Mol. Inf.*, **38**, 1800154 (2019).
[20] https://datachemeng.com/basicmathematics/
[21] 高橋 信，"マンガでわかる線形代数"，オーム社（2008）．
[22] https://scikit-learn.org/stable/
[23] https://ja.wikipedia.org/wiki/カルバック・ライブラー情報量
[24] https://ja.wikipedia.org/wiki/二分探索
[25] https://datachemeng.com/k3nerror/
[26] https://ja.wikipedia.org/wiki/t 分布
[27] https://ja.wikipedia.org/wiki/確率的勾配降下法
[28] http://tech.nitoyon.com/ja/blog/2009/04/09/kmeans-visualise/
[29] https://www.scipy.org/
[30] https://docs.scipy.org/doc/scipy/reference/generated/scipy.spatial.distance.pdist.html
[31] https://docs.scipy.org/doc/scipy/reference/generated/scipy.cluster.hierarchy.linkage.html
[32] https://scikit-learn.org/stable/modules/generated/sklearn.neighbors.DistanceMetric.html
[33] https://datachemeng.com/overfitting/
[34] S. Wold, M. Sjöström, L. Eriksson, *Chemom. Intell. Lab. Syst.*, **58**, 109-130 (2001).
[35] https://datachemeng.com/reg_coef_in_pls/
[36] http://www.idrc-chambersburg.org/shootout_2002.htm
[37] https://ja.wikipedia.org/wiki/二次計画法
[38] https://ja.wikipedia.org/wiki/カルーシュ・クーン・タッカー条件
[39] https://numpy.org/
[40] https://datachemeng.com/fastoptsvrhyperparams/
[41] https://graphviz.org/
[42] https://datachemeng.com/randomforest/
[43] P. Filzmoser, B. Liebmann, K. Varmuza, *J. Chemom.*, **23**, 160-171 (2009).
[44] https://ja.wikipedia.org/wiki/マハラノビス距離
[45] https://en.wikipedia.org/wiki/Curse_of_dimensionality

[46] https://datachemeng.com/gaussianmixtureregression/
[47] https://datachemeng.com/gtmmlr_gtmr_paper/
[48] 大村 平, "実験計画と分散分析のはなし", 日科技連出版社 (2013).
[49] https://datachemeng.com/designofexperimentscodes/
[50] 馬場敬之, "線形代数キャンパス・ゼミ", マセマ出版社 (2020).
[51] M. A. Bezerra, *et al.*, *Talanta*, **76**, 965-977 (2008).
[52] A. O. Griewank, *J. Opt. Th. Appl.*, **34**, 11-39 (1981).
[53] S. Park, *et al.*, *Comput. Chem. Eng.*, **119**, 25-37 (2018).
[54] https://www.rdkit.org/docs_jp/index.html
[55] https://datachemeng.com/rdkit_install_import/
[56] http://opensmiles.org/opensmiles.html
[57] https://chemdrawdirect.perkinelmer.cloud/js/sample/index.html
[58] https://marvinjs-demo.chemaxon.com/latest/demo.html
[59] https://chemaxon.com/products/marvin
[60] http://x3dna.bio.columbia.edu/data/ctfile.pdf
[61] https://pypi.org/project/ctfile/
[62] https://www.ebi.ac.uk/chembl/
[63] https://pubchem.ncbi.nlm.nih.gov/
[64] https://www.rdkit.org/docs/GettingStartedInPython.html#list-of-available-descriptors
[65] R. Todeschini, V. Consonni, "Molecular Descriptors for Chemoinformatics, 2 Volume Set：Volume I：Alphabetical Listing / Volume II：Appendices, References", WILEY-VCH (2009).

索　引

著者紹介

金子弘昌（かねこひろまさ）
　2011 年東京大学大学院工学系研究科化学システム工学専攻
博士課程修了．博士（工学）．東京大学大学院工学系研究科助
教を経て，現在は明治大学理工学部応用化学科准教授，広島
大学大学院工学研究科次世代自動車技術共同研究講座客員准
教授（併任），大阪大学太陽エネルギー化学研究センター招聘
准教授（併任），理化学研究所客員主幹研究員（併任），京都
大学大学院理学研究科非常勤研究員（併任），中央大学理工学
研究科非常勤講師（併任）．

Python で気軽に化学・化学工学

令和 3 年 4 月 30 日　　発　　　行
令和 4 年 6 月 10 日　　第 3 刷発行

編　　者　　公益社団法人 化 学 工 学 会

発 行 者　　池　田　和　博

発 行 所　　丸善出版株式会社
　　　　　　〒101-0051 東京都千代田区神田神保町二丁目17番
　　　　　　編集：電話 (03) 3512-3263／FAX (03) 3512-3272
　　　　　　営業：電話 (03) 3512-3256／FAX (03) 3512-3270
　　　　　　https://www.maruzen-publishing.co.jp

© The Society of Chemical Engineers, Japan, 2021

組版印刷・中央印刷株式会社／製本・株式会社 松岳社

ISBN 978-4-621-30615-4　C 3058　　　　　　Printed in Japan